电网企业员工安全等级培训系列教材

第二版

电气试验

国网浙江省电力有限公司培训中心　组编

内 容 提 要

本书是“电网企业员工安全等级培训系列教材（第二版）”中的《电气试验》分册，全书共七章，包括基本安全要求、保证安全的组织措施和技术措施、作业项目安全风险管控、隐患排查治理、生产现场的安全设施、典型违章举例与事故案例分析、班组管理和作业安全监督等内容，附录给出了现场标准化作业指导书（卡）范例和作业现场处置方案范例。

本书是电网企业员工安全等级培训电气试验专业的专用教材，可作为电气试验岗位人员安全培训的辅助教材，宜采用《公共安全知识》分册加本专业分册配套使用的形式开展学习培训。

本书可供从事电气试验工作的专业技术人员和新员工安全等级培训使用。

图书在版编目（CIP）数据

电气试验/国网浙江省电力有限公司培训中心组编. —2 版. —北京：中国电力出版社，2023.2（2024.11重印）

电网企业员工安全等级培训系列教材

ISBN 978-7-5198-5365-5

Ⅰ. ①电… Ⅱ. ①国… Ⅲ. ①电气设备–试验–技术培训–教材 Ⅳ. ①TM64-33

中国国家版本馆 CIP 数据核字（2023）第 016665 号

出版发行：中国电力出版社
地　　址：北京市东城区北京站西街 19 号（邮政编码 100005）
网　　址：http://www.cepp.sgcc.com.cn
责任编辑：穆智勇（zhiyong-mu@sgcc.com.cn）
责任校对：黄　蓓　常燕昆
装帧设计：赵姗姗
责任印制：石　雷

印　　刷：北京锦鸿盛世印刷科技有限公司
版　　次：2016 年 6 月第一版　2023 年 2 月第二版
印　　次：2024 年11月北京第三次印刷
开　　本：710 毫米×1000 毫米　16 开本
印　　张：9.5
字　　数：151 千字
印　　数：1501—2000 册
定　　价：50.00 元

编写委员会

本册编写人员

吕红峰　王　宣　吴晓东　金　贵　吴尊东　陈佑发　何佳胤　孙　琳　黄继来　罗　盛　倪相生

前 言

为贯彻落实国家安全生产法律法规（特别是新《安全生产法》）和国家电网公司关于安全生产的有关规定，适应安全教育培训工作的新形势和新要求，进一步提高电网企业生产岗位人员的安全技术水平，推进生产岗位人员安全等级培训和认证工作，国网浙江省电力有限公司在 2016 年出版的“电网企业员工安全技术等级培训系列教材”的基础上组织修编，形成“电网企业员工安全等级培训系列教材（第二版）”。

“电网企业员工安全等级培训系列教材（第二版）”包括《公共安全知识》分册和《变电检修》《电气试验》《变电运维》《输电线路》《输电线路带电作业》《继电保护》《电网调控》《自动化》《电力通信》《配电运检》《电力电缆》《配电带电作业》《电力营销》《变电一次安装》《变电二次安装》《线路架设》等专业分册。《公共安全知识》分册内容包括安全生产法律法规知识、安全生产管理知识、现场作业安全、作业工器（机）具知识、通用安全知识五个部分；各专业分册包括相应专业的基本安全要求、保证安全的组织措施和技术措施、作业项目安全风险管控、隐患排查治理、生产现场的安全设施、典型违章举例与事故案例分析、班组管理和作业安全监督七个部分。

本系列教材为电网企业员工安全等级培训专用教材，也可作为生产岗位人员安全培训辅助教材，宜采用《公共安全知识》分册加专业分册配套使用的形式开展学习培训。

鉴于编者水平所限，不足之处在所难免，敬请读者批评指正。

编 者

2023 年 1 月

目 录

第一章

基本安全要求

第一节　一般安全要求

一、作业现场的基本条件

（1）作业现场的生产条件和安全设施等应符合有关标准、规范的要求，工作人员的劳动防护用品应合格、齐备。

（2）经常有人工作的场所及施工车辆上宜配备急救箱，存放急救用品，并应指定专人经常检查、补充或更换。

（3）现场使用的安全工器具应合格并符合有关要求。

（4）各类作业人员应被告知其作业现场和工作岗位存在的危险因素、防范措施及事故紧急处理措施。

二、作业人员的基本条件

（1）经医师鉴定，无妨碍工作的病症（体格检查每两年至少一次）。

（2）具备必要的电气知识和业务技能，且按工作性质，熟悉 Q/GDW 1799.1—2013《国家电网公司电力安全工作规程　变电部分》（以下简称《安规》）的相关部分，并经考试合格。

（3）具备必要的安全生产知识，学会紧急救护法，特别是要学会触电急救。

（4）进入作业现场应正确佩戴安全帽，现场作业人员应穿全棉长袖工作服、绝缘鞋。

（5）经过专业培训，取得本专业相应的特种作业操作证。

三、高压试验室（场）安全基本条件

（1）高压试验室（场）必须有良好的接地系统，以保证高压试验测量准确度和人身安全。接地电阻不超过 GB 26861—2011《电力安全工作规程　高压试验室部分》的要求。试验设备的接地点与被试设备的接地点之间应有可靠的金属性连接。试验室（场）内所有的金属架构、固定的金属安全屏蔽遮（栅）栏均必须与接地网有牢固的连接。接地点应有明显可见的标志。为了保证接地系统始终处于完好状态，每 5 年应测量一次接地电阻，测量接地点的通断状态，对接地线和接地点的连接进行一次检查。

（2）试验室应保持光线充足，门窗严密，通风设施完备。必要时通往试区的门与试验电源应有联锁装置，当通往试区的门打开时，应发出报警信号，并使试验电源跳闸。户外试验场宜有电源开关紧急按钮，以便在发生危急情况时可迅速切断电源。

（3）试验室（场）内地面平整，留有符合要求、标志清晰的通道。室内布置整洁，不许随意堆放杂物。试验室周围应有消防通道，并保证畅通无阻。

（4）高压试验室应按规定设置安全遮栏、标示牌、安全信号灯及警铃，控制室应铺橡胶绝缘垫。

（5）根据电气试验的性质和需要，配备相应的安全工器具，防毒、防射线、防烫伤的防护用品以及防爆和消防安全设施，配备应急照明电源。试验室内禁止吸烟，严禁烟火。

（6）试验设备应保持良好状态，发现缺陷及时处理，并应做好缺陷及处理记录。不允许试验设备带缺陷强行投入试验。

四、高压设备上工作

在高压设备上工作，应至少由两人进行，并完成保证安全的组织措施和技术措施。

无论高压设备是否带电，工作人员不得单独移开或越过遮栏进行工作；若有必要移开遮栏时，应征得工作许可人同意，并在工作负责人的监护下进行，且符合表 1–1 规定的设备不停电时的安全距离。工作完毕后应立即恢复。

室内高压开关柜在手车开关拉出后，应观察隔离挡板是否可靠封闭。

表 1-1　设备不停电时的安全距离

电压等级（kV）	安全距离（m）	电压等级（kV）	安全距离（m）
10 及以下（13.8）	0.70	1000	8.70
20、35	1.00	±50 及以下	1.50
66、110	1.50	±400	5.90
220	3.00	±500	6.00
330	4.00	±660	8.40
500	5.00	±800	9.30
750	7.20		

五、高压试验

1. 高压试验的安全规定

（1）高压试验应填写变电站（发电厂）第一种工作票。

1）在同一电气连接部分，许可高压试验工作票前，应先将已许可的检修工作票收回，禁止再许可第二张工作票。如果试验过程中需要检修配合，应将检修人员填写在高压试验工作票中。

2）在一个电气连接部分同时有检修和试验时，可填用一张工作票，但在试验前应得到检修工作负责人的许可，完成试验技术安全交底并做好相应记录。

3）加压部分与检修部分之间的断开点，如按试验电压有足够的安全距离，并在另一侧有接地短路线时，可在断开点的一侧进行试验，另一侧可继续工作。但此时在断开点应挂有“止步，高压危险！”的标示牌，并设专人监护。

（2）高压试验工作不得少于两人。试验负责人应由有经验的人员担任，开始试验前，试验负责人应向全体试验人员详细布置试验中的安全注意事项，交待邻近间隔的带电部位，以及其他安全注意事项。

（3）因试验需要断开设备接头时，拆前应做好标记，接后应进行检查。

（4）试验装置的金属外壳应可靠接地；高压引线应尽量缩短，并采用专用的高压试验线，必要时用绝缘物支撑牢固。

试验装置的电源开关，应使用明显断开的双极开关。为了防止误合开关，可在刀刃或刀座上加绝缘罩。

试验装置的低压回路中应有两个串联电源开关，并加装过载自动跳闸装置。

（5）试验现场应装设遮栏或围栏，遮栏或围栏与试验设备高压部分应有足够的安全距离，向外悬挂“止步，高压危险！”的标示牌，并派人看守。被试设备两端不在同一地点时，另一端还应派人看守。

（6）加压前应认真检查试验接线，使用规范的短路线，表计倍率、量程、调压器零位及仪表的开始状态均正确无误，经确认后，通知所有人员离开被试设备，并取得试验负责人许可，方可加压。加压过程中应有人监护并呼唱。高压试验工作人员在全部加压过程中，应精力集中，随时警戒异常现象发生，操作人应站在绝缘垫上。

（7）变更接线或试验结束时，应首先断开试验电源、放电，并将升压设备的高压部分放电、短路接地。

（8）未装接地线的大电容被试设备，应先行放电再做试验。高压直流试验时，每告一段落或试验结束时，应将设备对地放电数次并短路接地。

（9）试验结束时，试验人员应拆除自装的接地短路线，并对被试设备进行检查，恢复试验前的状态，经试验负责人复查后，进行现场清理。

（10）变电站、发电厂升压站发现有系统接地故障时，禁止进行接地网接地电阻的测量。

（11）特殊的重要电气试验应有详细的安全措施，并经单位分管生产的领导（总工程师）批准。

（12）直流换流站单极运行，对停运的单极设备进行试验，若影响运行设备安全，应有措施，并经单位批准。

2. 使用携带型仪器的测量工作

（1）使用携带型仪器在高压回路上进行工作，至少由两人进行。需要高压设备停电或做安全措施的，应填写变电站（发电厂）第一种工作票。

（2）除使用特殊仪器外，所有使用携带型仪器的测量工作，均应在电流互感器和电压互感器的二次侧进行。

（3）电流表、电流互感器及其他测量仪表的接线和拆卸，需要断开高压回路者，应将此回路所连接的设备和仪器全部停电后，才能进行。

（4）电压表、携带型电压互感器和其他高压测量仪器的接线和拆卸无需断开高压回路者，可以带电工作。但应使用耐高压的绝缘导线，导线长度应尽可能缩短，不准有接头，并应连接牢固，以防接地和短路。必要时用绝缘物加以固定。

使用电压互感器进行工作时，应先将低压侧所有接线接好，然后用绝缘工具将电压互感器接到高压侧。工作时应戴绝缘手套和护目眼镜，站在绝缘垫上，并应有专人监护。

（5）连接电流回路的导线截面，应适合所测电流数值。连接电压回路的导线截面积不得小于 $1.5mm^2$。

（6）非金属外壳的仪器应与地绝缘，金属外壳的仪器和变压器外壳应接地。

（7）测量用装置必要时应设遮栏或围栏，并悬挂“止步，高压危险！”的标示牌。仪器的布置应使工作人员距带电部位不小于表 1–1 规定的安全距离。

3. 使用钳形电流表的测量工作

（1）运维人员在高压回路上使用钳形电流表的测量工作，应由两人进行。非运维人员测量时，应填写变电站（发电厂）第二种工作票。

（2）在高压回路上测量时，禁止用导线从钳形电流表另接表计测量。

（3）测量时若需拆除遮栏，应在拆除遮栏后立即进行，工作结束应立即将遮栏恢复原状。

（4）使用钳形电流表时，应注意钳形电流表的电压等级。测量时戴绝缘手套，站在绝缘垫上，不得触及其他设备，以防短路或接地。观测表计时，要特别注意保持头部与带电部分的安全距离。

（5）测量低压熔断器和水平排列低压母线电流时，测量前应将各相熔断器和母线用绝缘材料加以包护隔离，以免引起相间短路，同时应注意不得触及其他带电部分。

（6）在测量高压电缆各相电流时，电缆头线间距离应在 300mm 以上，且绝缘良好、测量方便者，方可进行。当有一相接地时，禁止测量。

（7）钳形电流表应保存在干燥的室内，使用前要擦拭干净。

4. 使用绝缘电阻表测量绝缘的工作

（1）使用绝缘电阻表测量高压设备绝缘，应由两人进行。

（2）测量用的导线应使用相应的绝缘导线，其端部应有绝缘套。

（3）测量绝缘时，应将被测设备从各方面断开，验明无电压，确实证明设备无人工作后，方可进行。在测量中禁止他人接近被测设备。在测量绝缘前后，应将被测设备对地放电。测量线路绝缘时，应取得许可并通知对侧后方可进行。

（4）在有感应电压的线路上测量绝缘时，应将相关线路同时停电方可进行。雷电时，严禁测量线路绝缘。

（5）在带电设备附近测量绝缘电阻时，测量人员和绝缘电阻表安放位置应选择适当，保持安全距离，以免绝缘电阻表引线或引线支持物触碰带电部分。移动引线时，应注意监护，防止作业人员触电。

5. 直流换流站阀厅内的试验

（1）进行晶闸管高压试验前，应停止该阀塔内其他工作并撤离试验无关人员；试验时，作业人员应与试验带电体保持0.7m以上安全距离，试验人员禁止直接接触阀塔屏蔽罩，防止被可能产生的试验感应电伤害。

（2）地面加压人员与阀体层作业人员应通过对讲机保持联系，防止高处作业人员未撤离阀体时误加压。阀体工作层应设专责监护人（在与阀体工作层平行的升降车上监护、指挥），加压过程中应有人监护并呼唱。

（3）换流变压器高压试验前应通知阀厅内高压穿墙套管侧试验无关人员撤离，并派专人监护。

（4）阀厅内高压穿墙套管试验加压前应通知阀厅外侧换流变压器上试验无关人员撤离，确认其余绕组均已可靠接地，并派专人监护。

（5）高压直流系统带线路空载加压试验前，应确认对侧换流站相应的直流线路接地开关、极母线出线隔离开关、金属回线隔离开关在拉开状态；单极金属回线运行时，禁止对停运极进行空载加压试验；背靠背高压直流系统一侧进行空载加压试验前，应检查另一侧换流变压器处于冷备用状态。

第二节　常用工器具的安全使用

一、试验变压器使用安全要求

（1）高压试验时，必须由2人及以上人员参加，并明确做好责任分工，设定好试验现场的安全距离，仔细检查好被试品及试验变压器的接地情况，并有专人监护现场安全及观察被试品的试验状态。

（2）试验过程中，升压速度不能太快，也决不允许突然全电压通电或断电。

（3）在升压或耐压试验过程中，如发现下列不正常情况时，应立即降压，并切断电源，停止试验，高压端须经放电接地并查明原因后再做试验：

1）电压表指针摆动很大；

2）有绝缘烧焦的异味、冒烟现象；

3）被测试品内有不正常的声音。

（4）进行电容试验或进行直流高压泄漏试验时，试验完毕后，将调压器降至零位后，切断电源，然后应用放电棒将试品或电容器的高压端对地进行充分放电并短路接地，以免由于电容中存留电荷而发生触电危险。

二、高压放电棒使用安全要求

（1）使用高压放电棒进行放电操作时，手握的位置不得超过手柄护环位置。

（2）对大电容试品放电时，须在试验完毕、断开试验电源且等待一段时间后，使试品上的电荷通过倍压筒及试品本身对地自放电。此时可观察控制箱上的电压表电压在逐步下降跌落，当电压表电压下降到较低的电压（一般为 5～15kV）时，方可用放电棒逐步移向试品附近。先通过间隙空气游离放电，此时可听到嘶嘶的声音，当无声音后，用放电棒尖端去碰试品，最后将试品直接接地放电。

（3）大电容试品积累电荷的多少与试品电容的大小、施加电压的高低和时间的长短成正比。

（4）对较长高压电缆试验结束后，放电时间一般都要很长，且需多次反复放电，需要使用带大容量放电电阻的放电棒。

（5）严禁未拉开试验电源即用放电棒对试品进行放电。

（6）放电棒应放在干燥的地方保存，防止受潮影响绝缘强度，使用前应进行必要的检查。

（7）严禁用脚踩及重物挤压放电棒，使用过程中应妥善保管。

第三节　现场标准化作业指导书（卡）的编制与应用

编制和执行现场标准化作业指导书是实现现场标准化作业的具体形式和方法。现场标准化作业指导书应突出安全和质量两条主线，对现场作业活动的全过程进行细化、量化、标准化，保证作业全过程安全和质量处于“可控、能控、在控”状态，达到事前管理、过程控制的要求和预控目标。作业指导书是对作业计划、准备、实施、总结等各个环节，明确具体操作的方法、步骤、措施、标准和人员责任，依据工作流程组合成的执行文件。

一、现场标准化作业指导书（卡）的编制原则和依据

1. 现场标准化作业指导书的编制原则

按照电力安全生产有关法律法规、技术标准、规程规定的要求和国家电网公司有关规范规定，作业指导书的编制应遵循以下原则：

（1）坚持“安全第一、预防为主、综合治理”的方针，体现凡事有人负责、凡事有章可循、凡事有据可查、凡事有人监督。

（2）符合安全生产法规、规定、标准、规程的要求，具有实用性和可操作性，概念清楚、表达准确、文字简练、格式统一，且含义具有唯一性。

（3）作业指导书的编制应依据生产计划和现场作业对象的实际，进行危险点分析，制定相应的防范措施，并体现对现场作业的全过程控制，体现对设备及人员行为的全过程管理。

（4）作业指导书应在作业前编制，注重策划和设计，量化、细化、标准化每项作业内容。集中体现在工作（作业）要求具体化、工作人员明确化、工作责任直接化、工作过程程序化，做到作业有程序、安全有措施、质量有标准、考核有依据，并起到优化作业方案，提高工作效率、降低生产成本的作用。

（5）现场作业指导书应以人为本，贯彻安全生产健康环境质量管理体系（safety production，health and environment quality management system，SHEQ）的要求，应规定保证本项作业安全和质量的技术措施、组织措施、工序及验收内容。

（6）现场作业指导应结合现场实际由专业技术人员编写，由相应的主管部门审批，编写、审核、批准和执行应签字齐全。

2. 现场标准化作业指导书的编制依据

（1）安全生产法律、法规、规程、标准及设备说明书。

（2）缺陷管理、反措要求、技术监督等企业管理规定和文件。

二、现场标准化作业指导书的结构内容

1. 作业指导书的结构

现场标准化作业指导书由封面、范围、引用文件、修前准备、流程图、作业程序和工艺标准、检修记录、指导书执行情况评估和附录 9 项内容组成。

2. 作业指导书的内容及格式

（1）封面。由作业名称、编号、编写人及时间、审核人及时间、批准人及时间、作业负责人、作业工期、编制单位8项内容组成。其中：

1）作业名称：包含作业地点、设备的电压等级、编号及作业的性质，如“××变电站××kV××变压器电气试验作业指导书”。

2）编号：编号应具有唯一性和可追溯性，便于查找。可采用企业标准编号，如Q/×××，位于封面的右上角。

3）编写人及时间：负责作业指导书的编写；在指导书编写人一栏内签名，并注明编写时间。

4）审核人及时间：负责作业指导书的审核，对编写的正确性负责；在指导书审核人一栏内签名，并注明审核时间。

5）批准人及时间：作业指导书执行的许可人在指导书批准人一栏内签名，并注明批准时间。

6）作业负责人：组织执行作业指导书，对作业的安全、质量负责；在指导书作业负责人一栏内签名。

7）作业工期：现场作业具体工作时间。

8）编制部门：作业指导书的具体编制单位。

（2）范围。对作业指导书的应用范围做出具体的规定，如作业指导书针对××变电站××kV××变压器电气试验工作，仅适用于该变压器电气试验工作。

（3）引用文件。明确编写作业指导书所引用的法规、规程、标准、设备说明书及企业管理规定和文件。

（4）修前准备。由准备工作安排、作业人员要求、备品备件、工器具、材料、定置图及围栏图、危险点分析、安全措施、人员分工9部分组成。其中：

1）作业人员要求：包括工作人员的精神状态良好，工作人员资格具备（包括作业技能、安全资质和特殊工种资质）。

2）危险点分析：包括作业场地的特点，如带电、交叉作业、高空等可能给作业人员带来的危险因素；工作环境的情况，如高温、高压、易燃、易爆、有害气体、缺氧等可能给工作人员安全健康造成的危害；工作中使用的机械、设备、工具等可能给工作人员带来的危害或设备异常；操作程序、工艺流程颠倒，操作方法失误等可能给工作人员带来的危害或设备异常；作业人员的身体状况不适、思想波动、不安全行为、技术水平能力不足等可能带来的危害或设备异常；其他可能给作业人员带来危害或造成设备异常的不安全因素等。

3）安全措施：包括各类工器具的使用措施，如梯子、吊车、电动工具等；特殊工作措施，如高处作业、电气焊、油气处理、汽油的使用管理等；专业交叉作业措施，如高压试验、保护传动等；储压、旋转元件检修措施，如储压器、储能电机等；对危险点、相邻带电部位所采取的措施；工作票中所规定的安全措施；着装规定等。

（5）流程图。根据检修设备的结构，将现场作业的全过程以最佳的检修顺序，对检修项目完成时间进行量化，明确完成时间和责任人，从而形成的检修流程，如“××变电站××kV××变压器电气试验流程图”。

（6）作业程序及工艺标准。由开工、检修电源的使用、动火、检修内容和工艺标准、竣工 5 部分组成。其中，“检修内容和工艺标准”内容包括按照检修流程图，对每一个检修项目，明确工艺标准、安全措施及注意事项，记录检修结果和责任人。

（7）验收。包括记录改进和更换的零部件；存在问题及处理意见；检修班组自验收意见及签字；运维单位验收意见及签字；检修专业室验收意见及签字；公司验收意见及签字。

（8）作业指导书执行情况评估。评估内容包括对指导书的符合性、可操作性进行评价；对可操作项、不可操作项、修改项、遗漏项、存在问题做出统计；提出改进意见。

（9）附录。主要是设备主要技术参数，必要时附设备简图，说明作业现场情况；调试数据记录。

现场标准化作业指导书范例见附录 A。

三、现场执行卡的编制

按照“简化、优化、实用化”的要求，现场标准化作业根据不同的作业类型，采用风险控制卡、工序质量控制卡，重大检修项目应编制施工方案。风险控制卡、工序质量控制卡统称为现场执行卡。

现场执行卡的编写和使用应遵守以下原则：

（1）符合安全生产法规、规定、标准、规程的要求，具有实用性和可操作性。内容应简单、易懂、无歧义。

（2）应针对现场和作业对象的实际进行危险点分析，制定相应的防范措施，体现对现场作业的全过程控制，对设备及人员行为实现全过程管理，不能简单照搬照抄范本。

（3）现场执行卡的使用应体现差异化，根据作业负责人技能等级区别使用不同级别的现场执行卡。

（4）应重点突出现场安全管理，强化作业中工艺流程的关键步骤。

（5）原则上，凡使用工作票的停电检修作业，应同时对应每份工作票编写和使用一份现场执行卡。对于部分作业指导书包含的复杂作业，也可根据现场实际需要对应一份或多份现场执行卡。

（6）涉及多专业的作业，各有关专业要分别编制和使用各自专业的现场执行卡，现场执行卡在作业程序上应能实现相互之间的有机结合。

标准化作业指导书现场执行卡范例见附录 A。

现场执行卡的内容补充、审核和批准应按规定执行。原则上，110kV 及以下输变电设备的 C 级及以下检修在工区完成审批；220kV 及以上的输变电设备 C 级及以下检修由各单位生产技术部批准；可能引起 110kV 变电站全停风险的作业由各单位负责生产的副总师批准；可能引起多个 110kV 变电站全停或 220kV 变电站全停及更大风险的作业由各单位主管生产的领导批准并报省公司生产技术部。

四、现场标准化作业指导书（现场执行卡）的应用

对列入生产计划的各类现场作业均必须使用经过批准的现场标准化作业指导书（现场执行卡）。各单位在遵循现场标准化作业基本原则的基础上，根据实际情况对作业指导书（现场执行卡）的使用做出明确规定，并可以采用必要的方便现场作业的措施。

（1）作业指导书（现场执行卡）在使用前必须进行专题学习和培训，保证作业人员熟练掌握作业程序和各项安全、质量要求。

（2）在现场作业实施过程中，工作负责人对作业指导书（现场执行卡）按作业程序的正确执行负全面责任。工作负责人应亲自或指定专人按现场执行步骤填写、逐项打勾和签名，不得跳项和漏项，并做好相关记录。有关人员也必须履行签字手续。

（3）依据作业指导书（现场执行卡）进行工作的过程中，如发现与现场实

际、相关图纸及有关规定不符等情况时，应由工作负责人根据现场实际情况及时修改作业指导书（现场执行卡），并经作业指导书（现场执行卡）审批人同意后，方可继续按作业指导书（现场执行卡）进行作业。作业结束后，作业指导书（现场执行卡）审批人应履行补签字手续。

（4）依据作业指导书（现场执行卡）进行工作的过程中，如发现设备存在事先未发现的缺陷和异常，应立即汇报工作负责人，并进行详细分析，制定处理意见，并经作业指导书（现场执行卡）审批人同意后，方可进行下一项工作。设备缺陷或异常情况及处理结果，应详细记录在作业指导书（现场执行卡）中。作业结束后，作业指导书（现场执行卡）审批人应履行补签字手续。

（5）作业完成后，工作负责人应对作业指导书（现场执行卡）的应用情况做出评估，明确修改意见，并在作业完工后及时反馈作业指导书（现场执行卡）编制人。

（6）事故抢修、紧急缺陷处理等突发临时性工作，应尽量使用作业指导书（现场执行卡）。在条件不允许的情况下，可不使用作业指导书（现场执行卡），但要按照标准化作业的要求，在工作开始前进行危险点分析并采取相应安全措施。

（7）对大型、复杂、不常进行、危险性较大的作业，应编制风险控制卡、工序质量控制卡和施工方案，并同时使用作业指导书。

（8）对危险性相对较小的作业，规模一般的作业，单一设备的简单和常规作业，作业人员较熟悉的作业，应在对作业指导书进行充分熟悉的基础上，编制和使用现场执行卡。

五、现场标准化作业指导书（现场执行卡）的管理

应按分层管理原则对现场标准化作业指导书（现场执行卡）明确归口管理部门。公司各单位应明确作业指导书（现场执行卡）管理的负责人、专责人，负责现场标准化作业的严格执行。

（1）作业指导书一经批准，不得随意更改。如因现场作业环境发生变化、指导书与实际不符等情况需要更改时，必须立即修订并履行相应的批准手续后才能继续执行。

（2）执行过的作业指导书（现场执行卡）应经评估、签字、主管部门审核后存档。检修作业指导书保存时间不少于一个检修周期。

（3）作业指导书实施动态管理，应及时进行检查总结、补充完善。作业人员应及时填写使用评估报告，对指导书的针对性、可操作性进行评价，提出改进意见，并结合实际进行修改。工作负责人和归口管理部门应对作业指导书的执行情况进行监督检查，并定期对作业指导书及其执行情况进行评估，将评估结果及时反馈给编写人员，以指导日后的编写。

（4）对于未使用作业指导书进行的事故抢修、紧急缺陷处理等突发临时性工作，应在工作完成后，及时补充编写针对性作业指导书，用于今后类似工作。

（5）积极探索，采用现代化的管理手段，开发现场标准化作业管理软件，逐步实现现场标准化作业信息网络化。

第二章

保证安全的组织措施和技术措施

第一节　保证安全的组织措施

在电气设备上工作，保证安全的组织措施包括现场勘察制度，工作票制度，工作许可制度，工作监护制度，工作间断、转移和终结制度。

一、现场勘察制度

变电检修（施工）作业，工作票签发人或工作负责人认为有必要进行现场勘察的，检修（施工）单位应根据工作任务组织现场勘察，并填写现场勘察记录。现场勘察由工作票签发人或工作负责人组织实施。

二、工作票制度

在电气设备上的工作，应填用工作票或事故紧急抢修单，其方式有6种，分别是填用变电站（发电厂）第一种工作票、填用电力电缆第一种工作票、填用变电站（发电厂）第二种工作票、填用电力电缆第二种工作票、填用变电站（发电厂）带电作业工作票、填用变电站（发电厂）事故紧急抢修单。

1. 工作票的适用范围

（1）填用第一种工作票的工作如下：

1）高压设备上工作需要全部停电或部分停电者；

2）二次系统和照明等回路上的工作，需要将高压设备停电者或做安全措施者；

3）高压电力电缆需停电的工作；

4）换流变压器、直流场设备及阀厅设备需要将高压直流系统或直流滤波器停用者；

5）直流保护装置、通道和控制系统的工作，需要将高压直流系统停用者；

6）换流阀冷却系统、阀厅空调系统、火灾报警系统及图像监视系统等工作，需要将高压直流系统停用者；

7）其他工作需要将高压设备停电或要做安全措施者。

（2）填用第二种工作票的工作如下：

1）控制盘和低压配电盘、配电箱、电源干线上的工作；

2）二次系统和照明等回路上的工作，无需将高压设备停电者或做安全措施者；

3）转动中的发电机、同期调相机的励磁回路或高压电动机转子电阻回路上的工作；

4）非运维人员用绝缘棒、核相器和电压互感器定相或用钳形电流表测量高压回路的电流；

5）大于表 1–1 规定距离的相关场所和带电设备外壳上的工作，以及无可能触及带电设备导电部分的工作；

6）高压电力电缆不需停电的工作；

7）换流变压器、直流场设备及阀厅设备上工作，无需将直流单、双极或直流滤波器停用者；

8）直流保护控制系统的工作，无需将高压直流系统停用者；

9）换流阀水冷系统、阀厅空调系统、火灾报警系统及图像监视系统等工作，无需将高压直流系统停用者。

（3）填用带电作业工作票的工作为带电作业或与邻近带电设备距离小于表 1–1、大于表 2–1 规定的工作。

表 2–1　带电作业时人身与带电体间的安全距离

电压等级（kV）	10	35	66	110	220	330	500	750	1000	±400	±500	±600	±800
距离（m）	0.4	0.6	0.7	1.0	1.8（1.6）	2.6	3.4（3.2）	5.2（5.6）	6.8（6.0）	3.8	3.4	4.5	6.8

注　表中数据是根据线路带电作业安全要求提出的。

（4）填用事故紧急抢修单的要求如下：

1）事故紧急抢修工作，即电气设备发生故障被迫停止运行，需短时间内恢复的抢修和排除故障的工作；

2）事故紧急抢修应填用工作票或事故紧急抢修单；

3）非连续进行事故修复工作，应使用工作票；

4）未造成线路、电气设备被迫停运的缺陷处理工作不得使用事故紧急抢修单。

（5）在待用间隔上工作，须根据工作性质填写第一、二种工作票。

2. 工作票的填写与签发

（1）工作票通过生产管理系统（Production Management System，PMS）填写，原则上不使用手工填写。若遇网络中断等特殊情况，可以手工填写，但票面应采用 PMS 中的格式，内容填写符合规定，事后应在 PMS 中补票。工作票使用 A3 或 A4 纸印刷或打印。

工作票应实行编号管理。通过局域网传递的工作票，应有 PMS 认证的签名。

（2）工作票应使用黑色或蓝色的钢（水）笔或圆珠笔填写与签发，一式两份，内容应正确，填写应清楚，不得任意涂改。如有个别错、漏字需要修改，应使用规范的符号，字迹应清楚。工作票中时间、编号及设备名称、动词（拉、合、拆、装等）、状态词（如合闸、分闸、热备用、冷备用等）等关键字不得涂改。

（3）用计算机生成或打印的工作票应使用统一的票面格式，由工作票签发人审核无误，手工或电子签名后方可执行。

工作票一份应保存在工作地点，由工作负责人收执；另一份由工作许可人收执，按值移交。工作许可人应将工作票的编号、工作任务、许可及终结时间记入登记簿。

（4）一张工作票中，工作负责人和工作许可人不得互相兼任。若工作票签发人兼任工作许可人或工作负责人，应具备相应的资质，并履行相应的安全责任。

（5）工作票由工作负责人填写，也可以由工作票签发人填写。

（6）工作票由设备运维管理单位签发，也可由经设备运维管理单位审核合格且经批准的检修及基建单位签发。检修及基建单位的工作票签发人及工作负责人名单应事先送有关设备运维管理单位、调度控制中心（调控中心）备案。

（7）承发包工程中，工作票可实行“双签发”形式。签发工作票时，双方工作票签发人在工作票上分别签名，各自承担本部分工作票签发人相应的安全责任。

（8）第一种工作票所列工作地点超过两个，或有两个及以上不同的工作单位（班组）在一起工作时，可采用总工作票和分工作票。总、分工作票应由同一个工作票签发人签发。总工作票上所列的安全措施应包括所有分工作票上所列的安全措施。几个班组同时进行工作时，总工作票的工作班成员栏内，只填明各分工作票的负责人，不必填写全部工作班人员姓名。分工作票上要填写工作班人员姓名。

总、分工作票在格式上与第一种工作票一致。

分工作票应一式两份，由总工作票负责人和分工作票负责人分别收执。分工作票的许可和终结，由分工作票负责人与总工作票负责人办理。分工作票应在总工作票许可后才可许可；总工作票应在所有分工作票终结后才可终结。

（9）供电单位或施工单位到用户变电站内施工时，工作票应由有权签发工作票的供电单位、施工单位或用户单位签发。

（10）事故紧急抢修单由抢修工作负责人（具备工作负责人资格）根据抢修布置人布置的抢修任务填写。

3. 工作票的使用

（1）一个工作负责人不能同时执行多张工作票，工作票上所列的工作地点，以一个电气连接部分为限。所谓一个电气连接部分，是指电气装置中可以用隔离开关同其他电气装置分开的部分。

（2）一张工作票上所列的检修设备应同时停、送电，开工前工作票内的全部安全措施应一次完成。若至预定时间，一部分工作尚未完成，需继续工作而不妨碍送电者，在送电前，应按照送电后现场设备带电情况办理新的工作票，布置好安全措施后，方可继续工作。

（3）若以下设备同时停、送电，可使用同一张工作票：

1）属于同一电压、位于同一平面场所，工作中不会触及带电导体的几个电气连接部分（在户外电气设备检修，如果满足同一段母线、位于同一平面场所、同时停送电，且是连续排列的多个间隔同时停电检修；在户内电气设备检修，如果满足同一电压、位于同一平面场所、同时停送电，且检修设备为有网门隔离或封闭式开关柜等结构，防误闭锁装置完善的多个间隔同时停电检修；某段母线停电，与该母线相连的位于同一平面场所、同时停送电的多个间隔停电检修）；

2）一台主变压器停电检修，其各侧断路器也配合检修，且同时停送电；

3）变电站全停集中检修。

（4）同一变电站内在几个电气连接部分上依次进行不停电的同一类型的工作，可以使用一张第二种工作票。

（5）在同一变电站内，依次进行的同一类型的带电作业可以使用一张带电作业工作票。

（6）需要变更工作班成员时，应经工作负责人同意，在对新的作业人员进行安全交底手续后，方可进行工作。非特殊情况不得变更工作负责人，如确需变更工作负责人，应由工作票签发人同意并通知工作许可人，工作许可人将变动情况记录在工作票上。工作负责人允许变更一次。原、现工作负责人应对工作任务和安全措施进行交接。

（7）在原工作票的停电及安全措施范围内增加工作任务时，应由工作负责人征得工作票签发人和工作许可人同意，并在工作票上增填工作项目。若需变更或增设安全措施，应填用新的工作票，并重新履行签发许可手续。

（8）变更工作负责人或增加工作任务，如工作票签发人和工作许可人无法当面办理，应通过电话联系，并在工作票登记簿和工作票上注明。

（9）第一种工作票应在工作前一日送达运维人员，可直接送达或通过传真、局域网传送，但传真传送的工作票许可应待正式工作票到达后履行。临时工作可在工作开始前直接交给工作许可人。

第二种工作票和带电作业工作票可在进行工作的当天预先交给工作许可人。

（10）工作票有破损不能继续使用时，应补填新的工作票，并重新履行签发许可手续。

4. 工作票的有效期与延期

（1）第一、二种工作票和带电作业工作票的有效时间，以批准的检修期为限。

（2）第一、二种工作票需办理延期手续的，应在工期尚未结束以前由工作负责人向运维负责人提出申请（属于调控中心管辖、许可的检修设备，还应通过值班调控人员批准），由运维负责人通知工作许可人给予办理。第一、二种工作票只能延期一次，带电作业工作票不准延期。

5. 工作票所列人员的基本条件

（1）工作票的签发人应是熟悉工作班人员技术水平、熟悉设备情况、熟悉

《安规》等规程规定，并具有相关工作经验的生产领导人、技术人员或经本单位批准的人员。工作票签发人员每年应通过技术业务、安全规程的考试，合格后经单位安监部门审查、生产领导批准后，以书面形式公布。

事故应（紧）急抢修任务布置人应具备工作票签发人资格，并履行相应的工作票签发人安全责任。

（2）工作负责人（监护人）应是具有相关工作经验、熟悉设备情况和《安规》、经专业室（中心）批准的人员。工作负责人还应熟悉工作班成员的工作能力。

（3）工作许可人应是经专业室（中心）生产领导书面批准的有一定工作经验的运维人员或检修操作人员（进行该工作任务操作及做安全措施的人员）；用户变（配）电站的工作许可人应是持有效证书的高压电气工作人员。

工作负责人、工作许可人每年应通过安全规程的考试，经专业室（中心）批准后，以书面形式公布，报单位安监部门备案。

（4）专责监护人应是具有相关工作经验、熟悉设备情况和《安规》的人员。专责监护人每年应通过安全规程的考试，由班组推荐，经工区（站、公司）批准后，以书面形式公布。

6. 工作票所列人员的安全责任

（1）工作票签发人的安全责任：

1）确认工作必要性和安全性；

2）确认工作票上所填安全措施是否正确完备；

3）确认所派工作负责人和工作班人员是否适当和充足。

（2）工作负责人（监护人）的安全责任：

1）正确组织工作；

2）检查工作票所列安全措施是否正确完备，是否符合现场实际条件，必要时予以补充完善；

3）工作前对工作班成员进行工作任务、安全措施、危险点告知和技术措施交底，并确认每一个工作班成员都已签名；

4）严格执行工作票所列安全措施；

5）监督工作班成员遵守《安规》，正确使用劳动防护用品和安全工器具以及执行现场安全措施；

6）关注工作班成员身体状况和精神状态是否出现异常迹象，人员变动是否合适。

（3）工作许可人的安全责任：

1）负责审查工作票所列安全措施是否正确、完备，是否符合现场条件；

2）工作现场布置的安全措施是否完善，必要时予以补充；

3）负责检查检修设备有无突然来电的危险；

4）对工作票所列内容即使发生很小疑问，也应向工作票签发人询问清楚，必要时应要求做详细补充。

（4）专责监护人的安全责任：

1）确认被监护人员和监护范围；

2）工作前对被监护人员交待监护范围内的安全措施，告知危险点和安全注意事项；

3）监督被监护人员遵守《安规》和现场安全措施，及时纠正被监护人员的不安全行为。

（5）工作班成员的安全责任：

1）熟悉工作内容、工作流程，掌握安全措施，明确工作中的危险点，并在工作票上履行交底签名确认手续；

2）服从工作负责人（监护人）、专责监护人的指挥，严格遵守《安规》和劳动纪律，在确定的作业范围内工作，对自己在工作中的行为负责，互相关心工作安全；

3）正确使用施工器具、安全工器具和劳动防护用品。

三、工作许可制度

工作许可人在完成工作现场的安全措施后，还应完成以下手续，工作班方可开始工作：

（1）会同工作负责人到现场再次检查所做的安全措施，对具体的设备指明实际的隔离措施，证明检修设备确无电压。

（2）对工作负责人指明带电设备的位置和注意事项。

（3）和工作负责人在工作票上分别确认、签名。运维人员不得变更有关检修设备的运行接线方式。工作负责人、工作许可人任何一方不得擅自变更安全措施，工作中如有特殊情况需要变更时，应先取得对方的同意并及时恢复。变更情况及时记录在值班日志内。

变电站（发电厂）第二种工作票可采取电话许可方式，但应录音，并各自做好记录。采取电话许可的工作票，工作所需安全措施可由工作人员自行布置，工作结束后应汇报工作许可人。

四、工作监护制度

工作许可手续完成后，工作负责人、专责监护人应向工作班成员交待工作内容、人员分工、带电部位和现场安全措施，进行危险点告知，并履行确认手续（在工作票上签名确认），工作班方可开始工作。工作负责人、专责监护人应始终在工作现场，对工作班人员的安全认真监护，及时纠正不安全的行为。

所有工作人员（包括工作负责人）不许单独进入、滞留在高压室、阀厅内和室外高压设备区内。

若工作需要（如测量极性、回路导通试验、光纤回路检查等），而且现场设备允许时，可以准许工作班中有实际经验的一个人或几人同时在它室进行工作，但工作负责人应在事前将有关安全注意事项予以详尽的告知。

事故紧急抢修工作负责人不能兼做其他工作，必须始终在现场监护。

工作票签发人或工作负责人，应根据现场的安全条件、施工范围、工作需要等具体情况，增设专责监护人和确定被监护人员。

专责监护人不得兼做其他工作。专责监护人临时离开时，应通知被监护人员停止工作或离开工作现场，待专责监护人回来后方可恢复工作。若专责监护人必须长时间离开工作现场时，应由工作负责人变更专责监护人，履行变更手续，并告知全体被监护人员。

工作期间，工作负责人若因故暂时离开工作现场时，应指定能胜任的人员临时代替，离开前应将工作现场交待清楚，并告知工作班成员。原工作负责人返回工作现场时，也应履行同样的交接手续。

若工作负责人必须长时间离开工作的现场时，应由原工作票签发人变更工作负责人，履行变更手续，并告知全体工作人员及工作许可人。原、现工作负责人应做好必要的交接。

五、工作间断、转移和终结制度

工作间断时，工作班人员应从工作现场撤出，每日收工后，应清扫工作地点，开放已封闭的通道，并电话告知工作许可人。若工作间断后所有安全措施和接线方式保持不变，工作票可由工作负责人执存。次日复工时，工作负责人应电话告知工作许可人，并重新认真检查安全措施是否符合工作票的要求。间断后继续工作，若无工作负责人或专责监护人带领，作业人员不得进入工作地点。

变电站工作应履行每日收工和开工手续，并做好记录。无人值班变电站的收工、开工手续可通过电话办理，双方在各自的工作票或值班记录簿上做好记录。

在未办理工作票终结手续以前，任何人员不准将停电设备合闸送电。

在工作间断期间，若有紧急需要，运维人员可在工作票未交回的情况下合闸送电，但应先通知工作负责人，在得到工作班全体人员已经离开工作地点、可以送电的答复后方可执行，并应采取下列措施：

（1）拆除临时遮栏、接地线和标示牌，恢复常设遮栏，换挂“止步，高压危险！”的标示牌。

（2）应在所有道路派专人守候，以便告诉工作班人员“设备已经合闸送电，不得继续工作”。守候人员在工作票未交回以前，不得离开守候地点。

检修工作结束以前，若需将设备试加工作电压，应按下列条件进行：

（1）全体工作人员撤离工作地点。

（2）将该系统的所有工作票收回，拆除临时遮栏、接地线和标示牌，恢复常设遮栏。

（3）应在工作负责人和运维人员进行全面检查无误后，由运维人员进行加压试验。

工作班若需继续工作时，应重新履行工作许可手续。

在同一电气连接部分用同一工作票依次在几个工作地点转移工作时，全部安全措施由运维人员在开工前一次做完，不需再办理转移手续。但工作负责人在转移工作地点时，应向工作人员交待带电范围、安全措施和注意事项。

全部工作完毕后，工作班应清扫、整理现场。工作负责人应先周密地检查，待全体工作人员撤离工作地点后，再向运维人员交待所修项目、发现的问题、试验结果和存在问题等，并与运维人员共同检查设备状况、状态，有无遗留物件，是否清洁等，然后由工作负责人在工作票上填明工作结束时间。经双方签名后，表示工作终结。

待工作票上的临时遮栏已拆除，标示牌已取下，已恢复常设遮栏，未拆除的接地线、未拉开的接地开关等设备运行方式已汇报调控人员，工作票方告终结。

只有在同一停电系统的所有工作票都已终结，并得到值班调控人员或运维负责人的许可指令后，方可合闸送电。

已终结的工作票、事故紧急抢修单应保存 1 年。

第二节　保证安全的技术措施

在电气设备上工作，保证安全的技术措施包括停电、验电、接地、悬挂标示牌和装设遮栏（围栏）。上述措施由运维人员或有权执行操作的人员执行。

一、停电

工作地点应停电的设备有：

（1）检修的设备；

（2）与工作人员在进行工作中正常活动范围的距离小于表 2–2 规定的安全距离的设备；

表 2–2　　工作人员工作中正常活动范围与设备带电部分的安全距离

电压等级（kV）	安全距离（m）	电压等级（kV）	安全距离（m）
10 及以下（13.8）	0.35	1000	9.50
20、35	0.60	±50 及以下	1.50
66、110	1.50	±400	6.70
220	3.00	±500	6.80
330	4.00	±660	9.00
500	5.00	±800	10.10
750	8.00		

（3）在 35kV 及以下的设备处工作，安全距离虽大于表 2–2 规定，但小于表 1–1 规定，同时又无绝缘隔板、安全遮栏措施的设备；

（4）带电部分在工作人员后面、两侧、上下，且无可靠安全措施的设备；

（5）其他需要停电的设备。

检修设备停电，应把各方面的电源完全断开（任何运行中的星形接线设备的中性点应视为带电设备）。禁止在只经断路器断开电源或只经换流器闭锁隔离电源的设备上工作。应拉开隔离开关，手车开关应拉至试验或检修位置，使各侧有一个明显的断开点。若无法观察到停电设备的断开点，应有能够反映设备运行状态的电气和机械等指示。与停电设备有关的变压器和电压互感器，应将设备各侧断开，防止向停电检修设备反送电。

检修设备和可能来电侧的断路器、隔离开关应断开控制电源和合闸能源，隔离开关操作把手应锁住，确保不会误送电。

对难以做到与电源完全断开的检修设备，可以拆除设备与电源之间的电气连接。

二、验电

验电可以直接验证停电设备是否确无电压，也是检验停电措施的制定和执行是否正确、完善的重要手段。

验电时，应使用相应电压等级、合格的接触式验电器，在装设接地线或合接地开关处对各相分别验电。验电前，应先在有电设备上进行试验，确证验电器良好；无法在有电设备上进行试验时，可用工频高压发生器等设备验证验电器良好。

高压验电应戴绝缘手套。验电器的伸缩式绝缘棒长度应拉足，验电时手应握在手柄处，不得超过护环，人体应与验电设备保持表 1－1 中规定的距离。雨雪天气时，不得进行室外直接验电。

对无法进行直接验电的设备、高压直流输电设备和雨雪天气时的户外设备，可以进行间接验电，即通过设备的机械指示位置、电气指示、带电显示装置、仪表及各种遥测、遥信等信号的变化来判断。判断时，至少应有两个非同样原理或非同源的指示发生对应变化，且所有这些确定的指示均已同时发生对应变化，才能确认该设备已无电。以上检查项目应填写在操作票中，作为检查项。检查中若发现其他任何信号有异常，均应停止操作，查明原因。若进行遥控操作，可采用上述的间接方法或其他可靠的方法进行间接验电。

330kV 及以上的电气设备，可采用间接验电方法进行验电。

表示设备断开和允许进入间隔的信号、经常接入的电压表等，如果指示有电，在排除异常情况前，禁止在设备上工作。

三、接地

装设接地线应由两人进行（经批准可以单人装设接地线的项目及运维人员除外）。

当验明设备确无电压后，应立即将检修设备接地并三相短路。电缆及电容器接地前应逐相充分放电，星形接线电容器的中性点应接地，串联电容器及与整组电容器脱离的电容器应逐个多次放电，装在绝缘支架上的电容器外壳也应放电。

对于可能送电至停电设备的各侧都应装设接地线或合上接地开关，所装接地线与带电部分应考虑接地线摆动时仍符合安全距离的规定。

对于因平行或邻近带电设备导致检修设备可能产生感应电压时，应加装工作接地线或使用个人保安线。加装的接地线应登录在工作票上，个人保安线由工作人员自装自拆。

在门形构架的线路侧进行停电检修，如工作地点与所装接地线的距离小于10m，工作地点虽在接地线外侧，也可不另装接地线。

检修部分若分为几个在电气上不相连接的部分（如分段母线以隔离开关或断路器隔开分成几段），则各段应分别验电接地短路。降压变电站全部停电时，应将各个可能来电侧的部分接地短路，其余部分不必每段都装设接地线或合上接地开关。

接地线、接地开关与检修设备之间不得连有断路器或熔断器。若由于设备原因，接地开关与检修设备之间连有断路器，在接地开关和断路器合上后，应有保证断路器不会分闸的措施。

在配电装置上，接地线应装在该装置导电部分的规定地点，应去除这些地点的油漆或绝缘层，并划有黑色标记。所有配电装置的适当地点均应设有与接地网相连的接地端，接地电阻应合格。接地线应采用三相短路式接地线，若使用分相式接地线时，应设置三相合一的接地端。

装设接地线应先接接地端，后接导体端。接地线应接触良好，连接应可靠。拆接地线的顺序与此相反。装、拆接地线导体端均应使用绝缘棒和戴绝缘手套。人体不得碰触接地线或未接地的导线，以防止触电。带接地线拆设备接头时，应采取防止接地线脱落的措施。

成套接地线应由有透明护套的多股软铜线和专用线夹组成，接地线截面积

不得小于 $25mm^2$，同时应满足装设地点短路电流的要求。禁止使用其他导线作接地线或短路线。接地线应使用专用的线夹固定在导体上，禁止用缠绕的方法进行接地或短路。

禁止工作人员擅自移动或拆除接地线。高压回路上的工作，必须要拆除全部或一部分接地线后才能进行工作者（如测量母线和电缆的绝缘电阻、测量线路参数、检查断路器触头是否同时接触），如：

（1）拆除一相接地线；

（2）拆除接地线，保留短路线；

（3）将接地线全部拆除或拉开接地开关。

上述工作应征得运维人员的许可（根据调控人员指令装设的接地线，应征得调控人员的许可）方可进行，工作完毕后立即恢复。

每组接地线及其存放位置均应编号，接地线号码与存放位置号码应一致。装、拆接地线应做好记录，交接班时应交待清楚。

工作接地线使用应遵守以下规定：

（1）在变电站内工作，外部人员严禁将任何形式的接地线（包括个人保安线）带入变电站内。

（2）工作中需要挂工作接地线时，应使用变电站内提供的接地线，并履行借用手续，装设工作接地线的地点应与运维人员一同商定，并不得随意变更。

（3）工作接地线的借用应办理借用手续，由工作负责人在工作接地线借用记录表中填写借用理由、装设的地点、事件，会同工作许可人共同到现场确认后，履行签名借用手续。运维人员应记录工作接地线的去向，工作接地线借用记录表应按时移交。

（4）工作接地由工作负责人监护，工作人员装拆，工作许可人配合，并在工作票上填写装拆情况。

（5）在工作终结前，由工作负责人拆除工作接地线，工作许可人结合设备状态交接验收清点接地线数量和编号，确保现场所有工作接地线已全部收回，然后双方签名履行工作接地线归还手续。

四、悬挂标示牌和装设遮栏（围栏）

在一经合闸即可送电到工作地点的断路器和隔离开关的操作把手上，均应悬挂“禁止合闸，有人工作！”的标示牌。如果线路上有人工作，应在线路断路器和隔离开关操作把手上悬挂“禁止合闸，线路有人工作！”的标示牌。对由于设备原因，接地开关与检修设备之间连有断路器，在接地开关和断路器合上后，在断路器操作把手上应悬挂“禁止分闸！”的标示牌。在显示屏上进行操作的断路器和隔离开关的操作处均应相应设置“禁止合闸，有人工作！”或“禁止合闸，线路有人工作！”以及“禁止分闸！”的标记。

部分停电的工作，安全距离小于表 1–1 规定距离以内的未停电设备，应装设临时遮栏，且临时遮栏与带电部分的距离不得小于表 2–2 的规定数值。临时遮栏可用干燥木材、橡胶或其他坚韧绝缘材料制成，装设应牢固，并悬挂“止步，高压危险！”的标示牌。35kV 及以下设备的临时遮栏，如因工作特殊需要，可用绝缘隔板与带电部分直接接触。绝缘隔板的绝缘性能应符合要求。

在室内高压设备上工作，应在工作地点两旁及对面运行设备间隔的遮栏（围栏）上和禁止通行的过道遮栏（围栏）上悬挂“止步，高压危险！”的标示牌。

高压开关柜内手车开关拉出后，隔离带电部位的挡板封闭后禁止开启，并设置“止步，高压危险！”的标示牌。

在室外高压设备上工作，应在工作地点四周装设围栏，其出入口要围至邻近道路旁边，并设有“从此进出！”的标示牌。工作地点四周围栏上悬挂适当数量的“止步，高压危险！”标示牌，标示牌应朝向围栏里面。若室外配电装置的大部分设备停电，只有个别地点保留有带电设备而其他设备无触及带电导体的可能时，可以在带电设备四周装设全封闭围栏，围栏上悬挂适当数量的“止步，高压危险！”标示牌，标示牌应朝向围栏外面。任何人禁止越过围栏。

在工作地点设置“在此工作！”的标示牌。

在室外构架上工作，则应在工作地点邻近带电部分的横梁上悬挂“止步，高压危险！”的标示牌。在工作人员上下铁架或梯子上，应悬挂“从此上下！”的标示牌。在邻近其他可能误登的带电构架上，应悬挂“禁止攀登，高压危险！”的标示牌。

禁止工作人员擅自移动或拆除遮栏（围栏）、标示牌。因工作原因必须短时移动或拆除遮栏（围栏）、标示牌的，应征得工作许可人同意，并在工作负责人的监护下进行。完毕后应立即恢复。

第三章

作业项目安全风险管控

第一节 概 述

本节依据《国家电网有限公司作业安全风险管控工作规定》和《国家电网有限公司作业安全风险预警管控工作规范》，阐述作业项目安全风险控制的职责与分工，计划管理、风险识别、评估定级等环节的方法及要求，以对作业安全风险实施超前分析和流程化控制，形成“流程规范、措施明确、责任落实、可控在控”的安全风险管控机制。

风险管控流程包括风险辨识、风险评估、风险预警、风险控制、检查与改进等环节。

一、风险辨识

风险辨识是指辨识风险的存在并确定其特性的过程。风险辨识包括静态风险辨识、动态风险辨识和作业项目风险辨识。

1. 静态风险辨识

静态风险辨识是依据国家电网公司发布的《供电企业安全风险评估规范》（简称《评估规范》）等事先拟好的检查清单对现场风险因素进行辨识并制定风险控制措施，为风险评估、风险控制提供基础数据。主要开展三个方面的工作：① 设备、环境的风险辨识；② 人员素质及管理的风险辨识；③ 风险数据库的建立与应用。

（1）设备、环境的风险辨识：依据《评估规范》第 1、2 章，有计划、有目的地开展设备、环境、工器具、劳动防护以及物料等静态风险的辨识，找出存在的危险因素。

（2）人员素质及管理的风险辨识：依据《评估规范》第 3、5 章，可进行自查，也可由专家组或专业第三方机构对人员素质和安全生产综合管理开展周期性的辨识，查找影响安全的危险因素。

（3）风险数据库的建立与应用：采用信息化手段，建立风险数据库，对风险辨识结果实行动态维护，保证数据真实、完整，便于实际应用。

2. 动态风险辨识

动态风险辨识是对照作业安全风险辨识范本对作业过程中的风险因素进行辨识，并制定风险控制措施。

3. 作业项目风险辨识

作业安全风险辨识范本参照国家电网公司发布的《供电企业作业风险辨识防范手册》编制，是以标准化作业流程为依据，指导作业人员辨识作业过程中的风险，并明确其典型控制措施的参考规范。

作业项目风险辨识一般采用三维辨识法对整个项目所包含的风险因素进行辨识，并制定风险控制措施。三维辨识法是指对照作业安全风险辨识范本辨识作业过程中的动态风险、查看《作业安全风险库》辨识作业过程中的静态风险、现场勘察确认的一种风险辨识方法。

《作业安全风险库》是由作业安全风险事件组成，风险事件由对现场各类风险进行辨识、评估所得。

二、风险评估

风险评估是指对事故发生的可能性和后果进行分析与评估，并给出风险等级的过程。

静态风险评估一般采用 LEC 法，动态风险评估一般采用 PR 法。风险等级分为一般、较大、重大三级。

作业项目风险评估依据企业制定的作业项目风险评估标准进行评估，风险等级分为 1～8 级。

1. LEC 法

LEC 法是根据风险发生的可能性、暴露在生产环境下的频度、导致后果的严重性，针对静态风险所采取的一种风险评估方法，用公式表示为

$$D=LEC$$

式中各字母含义如下：

D 为风险值。

L 为发生事故的可能性大小。当用概率来表示事故发生的可能性大小时，绝对不可能发生的事故概率为 0，而必然发生的事故概率为 1。然而，从系统安全角度考察，绝对不发生事故是不可能的，所以人为地将发生事故的可能性极小的分数定为0.1，而必然发生的事故分数定为10，各种情况的分数见表3-1。

表 3-1　　事故发生的可能性（L）

事故发生的可能性（发生的概率）	分数值
完全可能预料（100%可能）	10
相当可能（50%可能）	6
可能，但不经常（25%可能）	3
可能性小，完全意外（10%可能）	1
很不可能，可以设想（1%可能）	0.5
极不可能（小于 1%可能）	0.1

E 为暴露于危险的频繁程度。人员出现在危险环境中的时间越多，则危险性越大。将连续出现在危险环境的情况定为 10，非常罕见地出现在危险环境中定为 0.5，介于两者之间的各种情况规定若干个中间值，见表 3-2。

表 3-2　　暴露于危险环境频度（E）

暴露频度	分数值
持续（每天多次）	10
频繁（每天一次）	6
有时（每天一次～每月一次）	3
较少（每月一次～每年一次）	2
很少（50 年一遇）	1
特少（100 年一遇）	0.5

C 为发生事故的严重性。事故所造成的人身伤害或电网损失的变化范围很大，所以规定分数值为 1～100，将仅需要救护的伤害及设备或电网异常运行的分数定为 1，将造成重大及以上人身、设备、电网事故的分数定为 100，其他情况的数值介于 1～100 之间，见表 3-3。

表 3-3　　发生事故的严重性（C）

分数值	后果	
	人身	电网设备
100	可能造成特大人身死亡事故者	可能造成特大设备事故者；可能引起特大电网事故者
40	可能造成重大人身死亡事故者	可能造成重大设备事故者；可能引起重大电网事故者
15	可能造成一般人身死亡事故或多人重伤者	可能造成一般设备事故者；可能引起一般电网事故者
7	可能造成人员重伤事故或多人轻伤事故者	可能造成设备一类障碍者；可能造成电网一类障碍者
3	可能造成人员轻伤事故者	可能造成设备二类障碍者；可能造成电网二类障碍者
1	仅需要救护的伤害	可能造成设备或电网异常运行

风险值 D 计算出后，关键是如何确定风险级别的界限值。这个界限值并不是长期固定不变，在不同时期，企业应根据其具体情况来确定风险级别的界限值。可参考表 3-4 确定风险程度及对应的风险值。

表 3-4　　风险程度与风险值的对应关系

风险程度	风险值
重大风险	$D \geqslant 160$
较大风险	$70 \leqslant D < 160$
一般风险	$D < 70$

2. PR 法

PR 法是根据风险发生的可能性、导致后果的严重性，针对动态风险所采取的一种风险评估方法。

P 值代表事故发生的可能性，即在风险已经存在的前提下，发生事故的可能性。按照事故的发生率将 P 值分为 4 个等级，见表 3-5。

表 3-5　　可能性定性定量评估标准表（P）

级别	可能性	含义
4	几乎肯定发生	事故非常可能发生，发生概率在 50%以上
3	很可能发生	事故很可能发生，发生概率在 10%～50%
2	可能发生	事故可能发生，发生概率在 1%～10%
1	发生可能性很小	事故仅在例外情况下发生，发生概率在 1%以下

R 值代表后果严重性，即在此风险导致事故发生之后，造成对人身、电网或者设备的危害程度。《国家电网公司事故调查规程》，将 *R* 值分为特大、重大、一般、轻微四个级别，见表 3－6。

表 3－6　　严重性定性定量评估标准表（*R*）

级别	后果	严重性	
		人身	电网设备
4	特大	可能造成重大及以上人身死亡事故者	可能造成重大及以上设备事故者；可能引起重大及以上电网事故者
3	重大	可能造成一般人身死亡事故或多人重伤者	可能造成一般设备事故者；可能引起一般电网事故者
2	一般	可能造成人员重伤事故或多人轻伤事故者	可能造成设备一、二类障碍者；可能造成电网一、二类障碍者
1	轻微	仅需要救护的伤害	可能造成设备或电网异常运行

将表 3－5 和表 3－6 中的可能性和严重性结合起来，就得到用重大、较大、一般表示的风险水平描述，如图 3－1 所示。

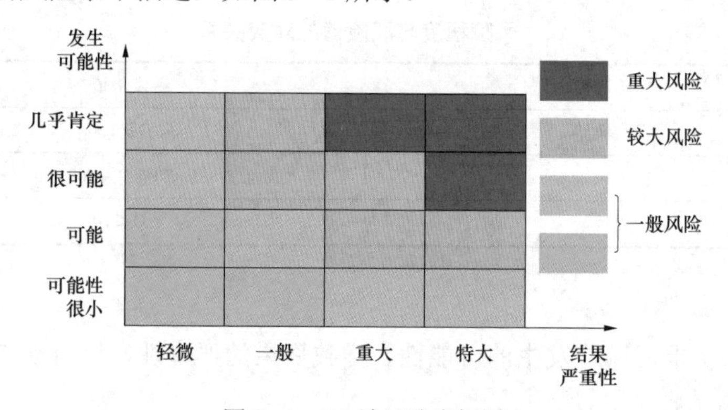

图 3－1　PR 法风险坐标图

三、风险预警

根据风险等级建立风险预警和跟踪机制，明确预警内容和要求，跟踪相关单位和部门的响应。

风险预警内容应包括风险描述、风险等级、后果分析、整改要求等。

四、风险控制

风险控制是按照管理职责和范围，针对电网、设备和企业安全生产中存在的风险，研究制定预防措施和整改治理方案、从规划发展、基建工程、技改大修计划等方面，组织实施整改计划，开展安全管理专项行动。

对关键环节风险控制过程、控制结果、措施有效性等应组织进行评估。对暂时不能整改的重大问题和隐患，制定落实有效的预防控制措施和应急预案。对需要上级单位和地方政府提供支持的重大问题和隐患的整改治理，及时上报备案。

五、检查与改进

应根据安全性评价结果制定整改计划和方案，将整改项目和任务逐项分解，明确责任部门、责任人和完成期限。

整改工作纳入统一管理，重大问题优先整改、从项目、资金、人员、进度等各个方面，保证整改计划和方案的实施。

整改计划和方案应报上级单位备案。

第二节　电网安全风险辨识与控制

电网运行风险是指电网检修、施工、调试等带来运行方式变化，输变电设备缺陷或异常带来运行状况变化，气候、来水等外部因素带来运行环境变化，引起电网运行出现可预见性的安全风险。

一、电网风险预警管控职责与分工

1. 各层级电网风险管控预警范围

（1）省调风险管控预警范围：

1）设备故障，可能导致五级以上电网事件，除部分在地调预警职责中明确的；

2）设备停电造成省内500kV及以上变电站改为单线供电、单台主变压器、单母线运行的情况，且无法通过运行方式调整等手段保障电网安全稳定运行的；

3）一次事件造成风电机组脱网容量500MW以上者；

4）事故后造成装机总容量1000MW以上的发电厂全厂对外停电的；

5）造成电网减供负荷100MW以上者；

6）省内500kV及以上主设备存在缺陷或隐患不能退出运行的；

7）重要通道故障，符合有序用电启动条件的；

8）省内 220kV 枢纽变电站二次系统改造，会引起全站停电，对外造成重要影响的；

9）跨越施工等原因可能造成高铁停运的。

（2）地调风险管控预警范围：

1）设备故障，可能导致六级以上电网事件；

2）设备停电造成地市内 220kV 变电站改为单台主变压器、单母线、单线（同杆并架双线）运行的；

3）事故后造成地市级以上地方人民政府有关部门确定的二级以上重要电力用户电网侧供电全部中断的；

4）造成电网减供负荷 40MW 以上 100MW 以下者；

5）地市内 220kV 主设备存在缺陷或隐患不能退出运行的；

6）跨越施工等原因可能造成电气化铁路停运的。

（3）县调风险管控预警范围：

1）事故后造成县域范围内 1 座 110kV 变电站全停的；

2）事故后造成变电站内 35kV 母线非计划全停的；

3）事故后造成地市级以上地方人民政府有关部门确定的二级或临时性重要电力用户电网侧供电全部中断的；

4）其他应纳入县调管控范围的事件。

注：预警范围中，“以上”包含本数，“以下”不包含本数。

2. 各专业职责分工

（1）调控中心：负责电网运行风险预警的评估、发布、延期、取消和解除，会同相关部门编制预警通知单，提出电网运行风险管控要求，组织优化运行方式、制定事故预案等措施；负责向政府电力运行主管部门报告、向相关并网电厂告知电网运行风险预警；负责检查本专业电网运行风险预警管控工作情况。

（2）安监部：负责电网运行风险预警管控工作的全过程监督、检查、评价、考核；负责电网风险预警管控系统的建设与应用；负责向能源局及派出机构报告电网运行风险预警。

（3）发展部：负责在电网规划中加强电网结构分析，将相关项目纳入电网规划并推进前期工作，提高系统抵御风险能力。

（4）设备部（运检部）：负责分析重大检修、设备状况、外力破坏等安全风险；组织落实输变电设备和输配电通道巡视、监测、维护、消缺、安全防护等管控措施；组织落实电网技改项目；负责检查本专业电网运行风险预警管控工作情况。

（5）建设部：负责落实电网建设工程，分析输变电建设、施工跨越、调试投产等对电网运行带来的安全风险；组织落实基建施工、现场防护、系统调试等管控措施；负责检查本专业电网运行风险预警管控工作情况。

（6）营销部：负责分析重要客户供电安全风险，组织落实需求侧管理、安全供电等管控措施；负责向重要客户告知电网运行风险预警，督促落实重要客户应急预案和保安电源措施；负责检查本专业电网运行风险预警管控工作情况。

二、电网运行风险预警管控流程

电网运行风险预警管控依托安全风险管控平台（以下简称平台，含 App）实施全过程管理，包括预警评估、预警发布、预警报告与告知、预警实施、预警解除等环节，工作流程如图 3-2 所示。

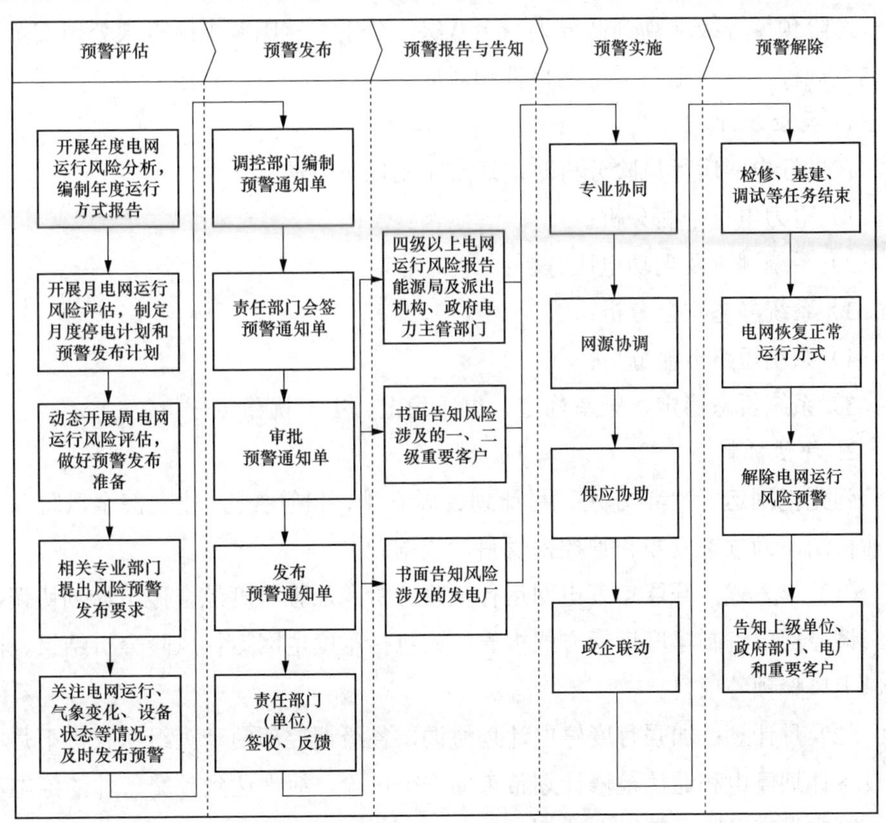

图 3-2　电网运行风险预警管控流程

（一）预警评估

调度部门在参与制定月度检修计划时，应进行电网运行风险评估分析，下发风险评估表，如表3-7所示，内容包括主要停役设备、停役时间、工作内容、风险分析、受限断面及控制要求，结合风险分析结果提出应落实的各项风险预控措施及落实主体，对措施前、措施后的风险分别进行评价和定级。

表3-7　　风险评估表

序号	主要停役设备	停役时间	工作内容	风险分析	受限断面及控制要求	预控措施	风险等级（措施前）	风险等级（措施后）

风险预警等级从高到低分为一至八级，分别与《国家电网有限公司安全事故调查规程》中一至八级电网事件相对应。

1. 风险分析

在进行电网运行风险分析时，通常采用以下方法：

1）电力电量平衡分析；

2）系统潮流及无功电压分析；

3）系统静态安全分析；

4）系统短路电流分析；

5）系统暂态稳定、频率稳定、电压稳定、小干扰稳定分析。

2. 评估机制

强化电网运行“年方式、月计划、周安排、日管控”，建立健全风险预警评估机制，为预警发布和管控提供科学依据。

（1）年方式：开展年度电网运行风险分析，加强年度综合停电计划协调，各级调控部门编制年度运行方式报告，应包括年度电网运行风险分析结果、四级以上风险预警项目。

（2）月计划：加强月度停电计划协调，各级调控部门牵头组织分析下月电网设备计划停电和通信检修计划带来的安全风险，梳理达到预警条件的停电项目，制定月度风险预警发布计划。

（3）周安排：加强周工作计划和停电安排，动态评估电网运行风险，及时发布电网运行风险预警，在周生产安全例会上部署风险预警管控措施。

（4）日管控：密切跟踪电网运行状况和停电计划执行情况，加强日工作组织协调，在日生产早会上通报工作进展，根据实际情况动态调整风险预警管控措施。

3. 评估原则

贯彻“全面评估、先降后控”的要求，动态评估电网运行风险，准确界定风险等级，不遗漏风险、不放大风险、不降低管控标准。

（1）全面评估：充分辨识电网运行方式、运行状态、运行环境、电源、负荷及电力通信、信息系统等其他可能对电网运行和电力供应造成影响的风险因素。

1）运行方式：评估电网特殊保电时期、多重检修方式、系统性试验、配合基建技改等临时方式的安全风险。

2）运行状态：评估电网断面潮流、设备负载、设备运行状况等安全风险。

3）运行环境：评估重要输变电设备周边水文地质、气候条件、山火、覆冰、雾霾、外力破坏等安全风险。

4）电源：评估电厂出力、送出可靠性、清洁能源消纳等安全风险。

5）负荷：评估重要客户供电方式、保电需求等安全风险。

6）电力通信：评估电力通信设备本体以及设备检修、设备异常、系统故障等非正常方式或特定情况等的安全风险。

7）信息系统：评估信息泄露、病毒木马、网络攻击、漏洞隐患、系统升级维护等安全风险。

（2）先降后控：充分采取各种预控措施和手段，降等级、控时长、缩范围、减数量，降低事故概率和风险影响，提升管控实效。

1）降等级：采取方式调整、分母线运行、负荷转移、分散稳定控制系统切负荷数量、调整开机、配合停电、需求侧响应、同周期检修、调整客户生产计划等手段，降低可能造成的负荷损失。

2）控时长：优化施工（检修）方案，提前安排设备消缺，适当加大人员投入，采取先进技术工艺，合理控制停电时间。

3）缩范围：优化电网运行方式、停电检修计划、倒闸操作方案，转移重要负荷，启用备用线路，缩小受影响的范围。

4）减数量：坚持“综合平衡，一停多用”，统筹优化基建、技改和检修工作，科学安排停电计划，减少重复停电，避免风险叠加，严格控制高风险预警工作。

（二）预警发布

调度部门在编制电网周检修计划时，应根据风险评估表编制电网运行风险预警通知单，如图3-3所示，做好风险预控措施的安排。预警通知单包括停电设备、预警事由、预警时段、风险等级、风险分析（运行方式调整、控制限额）、管控措施及要求等内容。

电网运行风险预警通知单

编号：××××年第××××号

电力调度控制中心　　预警日期：××××年××月××日

<table>
<tr><td>停电设备</td><td colspan="3"></td></tr>
<tr><td>预警事由</td><td colspan="3"></td></tr>
<tr><td>预警时段</td><td colspan="3"></td></tr>
<tr><td>风险等级</td><td colspan="3"></td></tr>
<tr><td>主送部门</td><td colspan="3"></td></tr>
<tr><td>责任单位</td><td colspan="3"></td></tr>
<tr><td>风险分析</td><td colspan="3">运行方式调整：
控制限额：</td></tr>
<tr><td rowspan="5">管控措施及要求</td><td colspan="2" rowspan="5">（1）电力调度控制中心：
（2）运维检修部：
（3）营销部：
（4）安全监察部（保卫部）：</td><td>签收部门</td></tr>
<tr><td>电力调度控制中心：</td></tr>
<tr><td>运维检修部：</td></tr>
<tr><td>营销部：</td></tr>
<tr><td>安全监察部（保卫部）：</td></tr>
<tr><td>编制</td><td></td><td>审核</td><td></td></tr>
<tr><td>批准</td><td colspan="2"></td><td></td></tr>
</table>

呈送：

图3-3　电网运行风险预警通知单

预警通知单经安监、运检、营销等相关部门会签，督查会议审核通过，本单位领导或上级单位审批后正式生效，并下达各相关单位。

对于电网临时检修方式，应纳入周检修计划管理，补发预警通知单。对于电网紧急消缺，明确停电工作时间超过24h的，由调度部门在下一个工作日补发预警通知单。

（三）预警反馈

各职能部门及相关单位按照“谁会签、谁组织、谁反馈”的原则组织落实管控措施，责任单位按照“谁接收、谁落实、谁反馈”的原则实施管控措施并填写预警反馈单，如图3-4所示。预警反馈单中管控措施落实情况需要填写事故预案制定、设备巡视频次、设备检测手段、安全保卫措施、政府部门报告、重要客户告知等内容。

电网运行风险预警反馈单

编号：××××年第××××号

××××单位　　反馈日期：××××年××月××日

<table>
<tr><td>主送单位</td><td colspan="5"></td></tr>
<tr><td>预警单编号</td><td colspan="5"></td></tr>
<tr><td>预警时段</td><td colspan="5"></td></tr>
<tr><td>管控措施落实情况</td><td colspan="5"></td></tr>
<tr><td>编制</td><td></td><td>审核</td><td></td><td>批准</td><td></td></tr>
</table>

图3-4　电网运行风险预警反馈单

预警反馈单在工作实施前通过风险管控系统等方式完成反馈，各项预警管控措施均落实到位后，调控部门方可下达设备停电操作指令。

（四）预警报告与告知

按照“谁预警、谁报告”的原则，相关单位根据需要分别向地方政府电力运行主管部门报告，内容包括风险分析、风险等级、计划安排、影响范围（含敏感区域、民生用电、重要客户等）、管控措施、需要政府协助办理的事项建议等。

对风险预警涉及的二级以上重要客户，由营销部门编制预警告知单，提前24h告知客户并留存相关资料；对电厂送出可靠性造成影响或需要电源支撑的风险预警，由调控部门编制电网运行风险预警告知单，如图3-5所示，提前24h告知相关并网电厂并留存相关资料。电网运行风险预警告知单主要包括预警事由、预警时段、风险分析、应对措施等内容，督促电厂、客户合理安排生产计划，做好防范准备。

<table>
<tr><td colspan="4">电网运行风险预警告知单
编号：××××年第××××号
报送日期：××××年××月××日</td></tr>
<tr><td>送达单位</td><td colspan="3">客户（电厂）</td></tr>
<tr><td>预警事由</td><td colspan="3"></td></tr>
<tr><td>预警时段</td><td colspan="3">××月××日××时至××月××日××时</td></tr>
<tr><td>风险分析</td><td colspan="3"></td></tr>
<tr><td>预控措施及要求</td><td colspan="3">针对客户（电厂）实际情况，提出风险预警管控措施要求</td></tr>
<tr><td>电网风险管控措施</td><td colspan="3"></td></tr>
<tr><td>告知单位</td><td colspan="3">（盖章）</td></tr>
<tr><td>联系人</td><td></td><td>联系电话</td><td></td></tr>
</table>

图3-5 电网运行风险预警告知单

（五）预警实施

预警发布后，应强化“专业协同、网源协调、供用协助、政企联动”，有效提升管控质量和实效，同时做好与电网大面积停电事件应急预案的无缝衔接，针对电网运行风险失控可能导致的大面积停电，提前做好应急准备，及时启动应急响应，全方位做好电网运行安全工作。

1. 专业协同

调控、运检、营销、安监等专业协同配合，全面落实管控措施。

（1）电网调控：进行安全稳定校核，优化系统运行方式，完善稳控策略，转移重要负荷，优化操作顺序，编制事故预案。

（2）设备运维：加强设备特巡，开展红外测温等带电检测，提前完成设备消缺和隐患整治，落实针对性运维保障措施，做好抢修队伍、物资和备品备件等准备。

（3）施工检修：优化施工检修方案，加大人员装备投入，确保按期完工。

（4）供电保障：组织供电安全检查，督促客户排查消除用电侧安全隐患，做好重要客户保电，做好配电网应急抢修准备。

（5）信通保障：排查消除电力通信、信息系统、信息通信专用UPS电源等安全隐患，制定通信方式调整及保障方案，组织电力光缆、通信设备等特巡，做好应急通信系统准备，落实信息系统等安全防护措施。

（6）监督协调：协调编制风险预警管控工作方案，组织开展现场监督检查，督导落实电网调控、设备运维、施工检修、供电保障、信通保障等各项管控措施。

2. 网源协调

做好电厂设备配合检修，调整发电计划，优化开机方式，安排应急机组，做好调峰、调频、调压准备。加强技术监督，确保涉网保护、安全自动装置等按规定投入。

3. 供用协助

及时告知客户电网运行风险预警信息，督促重要客户备齐应急电源，制定应急预案，执行落实有序用电方案，提前安排事故应急容量。

4. 政企联动

提请政府部门协调电力供需平衡和有序用电、督促重要客户做好用电安全隐患整改，将预警电力设施纳入治安巡防体系，加强防外力破坏等管控措施。

（六）预警解除

（1）因设备停役延期或工作取消，由调控中心及时联系安监部门办理风险延期或取消，并通知相关部门和单位。

（2）设备复役后，风险解除。若设备提前复役，由调控中心及时联系安监部门办理风险解除，并通知相关部门和单位。

三、典型电网安全风险控制措施

（1）合理规划电源接入点。受端系统应具有多个方向多条受电通道，电源点应合理分散接入，每个独立输电通道的输送电力不宜超过受端系统最大负荷的10%～15%，确保失去任一通道时不影响电网安全运行和受端系统可靠供电。综合考虑电力市场空间、电力系统调峰、电网安全等因素，统筹协调、合理布局抽蓄电站等调峰电源。

（2）严格做好风电场、光伏电站并网验收环节的工作，避免不符合电网要求的设备进入电网运行。并网电厂机组投入运行时，相关继电保护、安全自动装置、稳定措施和电力专用通信配套设施等应同时投入运行。

（3）优化电网规划设计方案，合理设计电网结构，完善电网安全稳定控制措施，提高系统安全稳定水平。强化电网薄弱环节，加强电网建设及配电网完善工作，对供电可靠性要求高的电网应适度提高设计标准。对电网进行合理分区，有效限制短路电流；兼顾供电可靠性和经济性，分区之间要有备用联络线以满足一定程度的负荷互带能力。

（4）无功电源及无功补偿设施的配置应使系统具有灵活的无功电压调节能力，在负荷高峰和低谷时段均能分（电压）层、分（供电）区基本平衡。提高无功电压自动控制水平，推广应用无功电压自动控制系统（AVC），提高电压稳定性，减少电压波动幅度。

（5）在特殊地形、极端恶劣气象环境条件下的重要输电线路宜采取差异化设计，适当提高抗风、抗冰、抗洪等设防水平。输电线路路径应避开滑坡、泥石流、重冰区及易发生导线舞动、山火易发等区域，无法避让时应采取相应防范措施。

（6）严格执行电网运行控制要求，严禁超运行控制极限值运行，根据系统发展变化情况及时计算和调整电网运行控制极限值。电网一次设备故障后，应按照故障后方式电网运行控制的要求，尽快将相关设备的潮流（或发电机出力、电压等）控制在规定值以内。

（7）根据电网的变化情况及时分析、调整各种保护装置、安全自动装置的配置或整定值，每年下达低频低压减载方案，及时跟踪负荷变化，定期核查、统计、分析各种安全自动装置的运行情况。加强检修管理和运行维护工作，防止装置出现拒动、误动。

（8）加强开关设备、保护装置的运行维护和检修管理，确保能够快速、可靠地切除故障。定期对变电站内及周边飘浮物、塑料大棚、彩钢板建筑、风筝及高大树木等进行清理，大风前后应进行专项检查，防止异物飘浮造成设备短路。

（9）加强铁塔基础的检查和维护，做好防外力破坏措施。对取土、挖沙、采石等可能危及杆塔基础安全的行为，应及时制止并采取相应防范措施。

（10）在迎峰度夏期间和重点保电时段，加强对满载重载线路的运行维护，加强对跨区输电通道及相关线路的运维管控，开展高风险区段、密集线路走廊、线路跨越点的特巡，确保重要设备安全稳定运行。

（11）在覆冰季节前应对线路做全面检查，落实除冰、融冰和防舞动措施，具备条件的应采取融冰措施以减少线路覆冰。

第三节　现场作业风险管控

作业安全风险是指在作业过程中有可能导致人身伤害事故的因素，包括触电伤害、高处坠落、物体打击、机械伤害、中毒窒息等。

一、作业项目安全风险评估

按照设备电压等级、作业范围、作业内容对检修作业进行分类，突出人身风险，综合考虑设备重要程度、运维操作风险、作业管控难度、工艺技术难度，确定各类作业的风险等级（Ⅰ～Ⅴ级，分别对应高风险、中高风险、中风险、中低风险、低风险），形成“作业风险分级表”，用于指导作业全流程差异化管控措施的制定。

Ⅰ级风险（高风险）：指作业过程存在极高的安全风险，即使加以控制仍可能发生人身重伤或死亡事故。

Ⅱ级风险（中高风险）：指作业过程存在很高的安全风险，不加控制容易发生人身死亡事故。

Ⅲ级风险（中风险）：指作业过程存在较高的安全风险，不加控制可能发生人身重伤或死亡事故。

Ⅳ级风险（中低风险）：指作业过程存在一定的安全风险，不加控制极有可能发生人身轻伤事件。

Ⅴ级风险（低风险）：指作业过程存在较低的安全风险，不加控制有可能发生未遂人身安全事件。

可根据作业环境、作业内容、气象条件等实际情况，对可能造成人身、电网、设备事故的现场作业［如上方高跨线带电的设备吊装、重要用户（含电厂）供电设备检修、涉及旁路代操作的检修、恶劣天气时的检修等］进行提级。同类作业对应的故障抢修，其风险等级提级。

典型生产作业风险定级库详见《国家电网有限公司作业安全风险管控工作规定》。对典型定级库中缺少的相关项目，应根据《评估规范》建立《作业安全风险库》：生产班组负责查找管辖范围内的危险因素，明确风险所在的地点和部位，对风险等级进行初评，形成风险事件并上报专业室（中心）；专业室（中心）负责对生产班组上报的风险事件进行审核、复评；一般、较大风险事件，由专业室（中心）在《作业安全风险库》中发布；重大风险事件，由专业室（中心）上报单位相关职能部门和安监部门，相关职能部门会同安监部门对重大风险审核确认后在《作业安全风险库》中发布。

《作业安全风险库》应及时导入日常安全生产和管理（如日常检查、专项检查、隐患排查、安全性评价等）中新发现的风险。职能部门每年组织专家，依据《评估规范》进行专项风险辨识，补充、完善《作业安全风险库》中相关风险事件。对风险事件的新增、消除和风险等级的变更等维护工作仍遵循逐级审核、发布的原则。

《作业安全风险库》模板如表 3-8 所示。

表 3-8　《作业安全风险库》模板

序号	地点	部位	风险描述	作业类别	伤害方式	可能性	频度	严重性	风险值	风险等级	控制措施	填报单位	发布时间

《作业安全风险库》包括地点、部位、风险描述、作业类别、伤害方式、风险值、控制措施、填报单位和发布时间等内容，其含义如下：

（1）地点是指风险所在的变电站、高压室、配电站或线路。

（2）部位是指风险所在的间隔、设备或线段。

（3）风险描述是指风险可能导致事故的描述。

（4）作业类别包括变电运维、变电检修、输电运检、电网调度、配网运检五种。一个风险可对应多个作业类别。

（5）伤害方式一般包括触电、高处坠落、物体打击、机械伤害、误操作、交通事故、火灾、中毒、灼伤、动物伤害十种。一个风险可对应多个伤害方式。

（6）风险值一般采用 LEC 法分析所得。

（7）控制措施是根据风险特点和专业管理实际所制定的技术措施或组织措施。

（8）填报单位是上报并跟踪管理的单位或部门。

（9）发布时间是经审核批准后公开发布该风险的时间。

二、作业安全风险管控职责与分工

按照管理职责和工作特点，不同管理层次负责控制不同程度和类型的安全风险，逐级落实安全责任。

（一）各层级管理职责

1. 省公司级单位

安监部门是作业安全风险管控工作的牵头部门，负责建立健全作业风险管控工作机制，通过安全管控中心远程核查、到岗到位和安全督查人员现场检查等方式，进行监督、检查、评价、考核。

各专业部门负责组织开展本专业相关作业安全风险管控工作，执行到岗到位工作要求，重点管控二级及以上作业风险评估、预警、控制等实施情况。

2. 地市（县）公司级单位

安监部门负责督促落实本单位作业风险管控工作，通过安全管控中心远程核查、到岗到位和安全督查人员现场检查等方式，对本单位作业风险管控工作进行监督、检查、评价、考核。

地市级单位专业部门（项目管理部门）负责执行到岗到位工作要求，重点管控三级及以上作业风险识别、预警、控制等实施情况。

县公司级单位专业部门（项目管理部门）负责执行到岗到位工作要求，管控全部等级作业风险评估、预警、控制等实施情况。

3. 班组

负责落实现场勘察、风险评估、“两票”执行、班前（后）会、安全交底、作业监护等安全管控措施和要求。

（二）各专业具体分工

（1）设备部（运检部）：① 负责组织召开年度综合检修计划协调会和月度、

周电网设备检修计划协调会，审查年度、季度、月度、周设备检修计划项目安排的必要性和合理性；② 负责策划、落实较大及以上风险检修类作业项目的风险管控（含风险评估、承载力分析），发布作业风险预警，督促相关部室和单位落实风险管控措施；③ 协调检修现场风险控制过程中出现的问题。

（2）建设部：① 负责安排和编制基建、技改工程设计的输变电设备年度、季度、月度和周投运计划；② 负责策划、落实较大及以上风险基建、技改类作业项目的风险管控（含风险评估、承载力分析），督促相关部室和单位落实风险管控措施；③ 协调基建、技改现场风险控制过程中出现的问题。

（3）调控中心：① 负责安排月度、周电网设备停电计划系统运行方式，审核月度、周停电计划的可行性和合理性；② 审查二次系统设备停电项目安排的必要性和合理性，协调上下级调度的运行方式调整，全面分析评估所辖电网薄弱环节，及时发布一般及以上电网风险预警和发布特殊气象条件风险预警；③ 负责做好电网特殊运行方式下的事故处理预案和电力电量平衡，检查作业现场风险管控措施的落实情况；④ 协调二次系统作业现场风险控制过程中出现的问题。

（4）营销部：① 负责编制用户、市政工程涉及的输变电设备季度和月度停电需求和投运计划；② 统筹安排用户工程，避免集中停电造成电网安全风险增大；③ 电网预警发出后，协助并督促重要高危客户、重要保电场所做好应对措施，做好保供电工作。

（5）安监部：① 负责参与年度综合检修计划协调会和月度、周停电计划平衡会，督促相关部门落实审查和协调职责；② 负责审查施工（检修）单位工作票签发人、工作负责人、工作许可人资质认证；③ 审查发包工程施工单位安全资质，督促签订安全协议，并做好备案；④ 参与审核较大及以上风险作业项目的风险管控措施；⑤ 监督检查相关部门和单位对特殊气象条件、电网和作业风险预警预控措施的落实情况。

三、加强生产现场作业风险管控工作

（一）加强生产现场作业风险管控工作的总要求

贯彻公司安全生产工作部署，践行“人民至上、生命至上” 理念，进一步加强生产现场作业风险管控，提升现场作业安全水平，认真执行《变电现场作业风险管控实施细则》，并落实以下要求：

（1）把防控现场作业风险摆在更加突出的位置，加强组织领导，强化责任和措施落实，全面提高作业人员安全意识、作业风险辨识能力和现场安全管控水平，确保不发生生产作业现场人身伤亡事故、恶性误操作事件以及运维检修管理责任的设备故障跳闸（临停）事件。

（2）要加强现场作业全过程管控，提升管理穿透力、现场执行力，加强督导检查，及时发现和解决工作推进过程中存在的问题，确保各项措施落到实处、取得实效。

（3）要进一步完善安全生产双重预防机制，健全生产现场作业风险管控体系，强化源头防范、分级管控，坚持结果导向和过程考核并重，切实提高生产现场作业风险管控水平。

（二）加强生产现场作业风险管控的重点措施

落实国家电网公司安全生产工作部署，深刻吸取近年来安全事故教训，聚焦人身风险，综合考虑设备、电网风险，坚持“源头防范、分级管控”，推行“一表一库”（作业风险分级表和检修工序风险库），结合三级生产管控中心建设，构建生产现场作业“五级五控”风险防控体系（即Ⅰ至Ⅴ级作业风险，总部、省公司、地市级单位、县公司级单位、班组及供电所五级管控），持续提升生产现场作业安全水平，全面提高作业人员安全意识、作业风险辨识能力和现场安全管控水平，确保不发生生产作业现场人身伤亡事故、恶性误操作事件以及运维检修管理责任的设备故障跳闸（临停）事件。

1. 完善风险防控体系

（1）细化作业风险分级。突出人身风险，综合考虑设备重要程度、运维操作风险、作业管控难度、工艺技术难度等因素，建立各类典型生产作业风险分级表。提炼关键工序，细化风险辨识和防范措施，建立检修工序风险库。在现场作业管控中全面应用“一表一库”，依托作业风险分级表，强化作业全流程差异化管控；依据检修工序风险库，强化现场高、中风险关键环节管控。

（2）落实分级管控责任。聚焦不同作业风险，围绕防控重点，构建“五级五控”风险防控体系，深化“一表一库”应用，明确计划制定、现场勘察、方案编审、远程督查、现场管控、竣工验收等重点环节的责任，压实各层级管理责任，细化到岗到位要求，形成横到边纵到底、一级抓一级、层层抓落实的安全风险分级防控责任制。

（3）完善风险防控机制。构建总部、省公司、超检修公司（地市公司）三级生产管控体系，规范运作超高压公司生产管控中心，因地制宜建设地市公司生产管控中心，开展检修计划执行、风险防控措施落实、现场作业安全保障等常态化监督；全面落实现场“五级五控”，强化现场作业的关键环节管控，形成点面结合、远近互补的防控机制。

2. 转变现场作业模式

（1）优化作业组织方式。以保障人身安全为首要目标，统筹人身、电网、设备安全风险，优选“整电压等级、整串、整站（半站）”全停等集中检修方式，整合检修资源，实现作业风险先降后控，创造安全作业环境。综合考虑检修作业风险、运维操作风险、电网风险、设备风险，落实“一停多用”，提高检修效率，防范触电、高坠、物体打击等事故风险，切实保障现场作业安全。

（2）改进作业实施方式。

1）变电（监控）专业：① 充分发挥设备厂家、检修基地优势，开展主设备原厂原修、工厂化检修，推动现场解体大修向轮换式检修转变，现场作业向车间作业转变，减少现场检修时间，切实提升检修质效；② 加快推进变电运维“两个替代”，推广应用“高清视频+机器人+无人机”远程智能巡视系统，实现巡视“机器代人”；③ 全面推进一键顺控新技术应用，替代传统倒闸操作，提高运维操作效率，降低运维操作风险。

2）直流专业：① 推进换流站全场景监视和全业务数字化，实现人员安全管理和作业安全管控；② 推动应用直流数字仿真系统模拟倒闸操作和大型检修预演，提升倒闸操作和运维安全水平和工作质效；③ 推广应用现场作业数字移动终端，实现计划、队伍、人员和现场“四个管住”；④ 培育区域专业化检修力量，建设大型设备区域检修基地，提升检修标准化水平、应急抢修能力，提高设备检修质量。

3）输电专业：① 加大无人机在现场勘察、检修消缺、带电作业、质量验收等作业中应用力度，着力减少高风险作业；② 推行线路机械化检修，降低人身安全风险，提高检修质效；③ 推进特高压线路直升机综合检修作业，提升复杂条件下处缺能力，增强线路安全运行水平。

4）配电专业：① 大力推进不停电作业，深化带电作业机器人应用，实现检修作业“能带不停”；② 停电作业优选分段式停电检修，提高供电可靠性；③ 推行运检项目工厂化预制、成套化配送、装配化施工、机械化作业，全面提升作业质效。

（3）推广先进技术应用。拓展移动作业应用场景，推进仪器数字化研究与实践应用，实现检测、试验数据实时远传和智能研判；试点开展标准化设备应用，提高检修便捷性、消缺及时性；深化图像、声纹识别算法、5G通信、AI智能识别跟踪、数字孪生应用，实现设备智能巡检和作业现场智能管控；推进PMS3.0的建设和应用，实现设备状态实时掌控和主动预警；深化输电线路无人机巡检技术应用，建立“三位一体”（固定机巢、移动机场、驻塔机巢）的立体巡检体系；推广带电作业机器人技术应用，逐步实现配电带电作业无人化。

3. 规范生产（租赁）项目管理

（1）加强检修项目管理。进一步强化项目管理单位的安全主体责任；明确项目实施管理方式（外包或自主实施），切实落实项目实施各层级责任。针对作业环境复杂、高风险工序多的检修项目，应对照作业风险分级表，强化前期勘察，结合检修工序风险库，细化方案编制，确保作业风险源头可控。

（2）加强外包（租赁）项目管理。技改大修外包项目和租赁项目应成立业主项目部，落实设备主人的项目管理主体责任，加强外包（租赁）项目施工过程质量监督和安全管控，严禁违规分包，杜绝“以包代管”“只租不管”，确保外包（租赁）项目安全可控、能控、在控。

4. 强化外包队伍管理

（1）严格外包作业管理。落实外包“双准入”要求，严格外包单位资质和业务能力审查，加强外包人员入场核查。严格执行外包作业“双勘察”“双交底”“双签发”制度，监督外包作业安全、技术、组织措施的落实，保障外包作业现场施工的安全和质量。

（2）严肃外包队伍考核。强化外包人员作业行为管控，严肃查纠外包人员作业现场违章，实行安全记分淘汰制，建立违章记分档案，加强积分考核，扣分达上限，立即停止现场工作并列入外包人员“黑名单”。健全外包队伍筛选评价考核机制，试点实施外包队伍安全管理、作业能力评价，逐步建立外包队伍“黑名单”“白名单”“安全负面清单”。

（3）培育核心外包队伍。落实作业现场同质化管理要求，强制外包队伍设置现场专职安全管理人员，开展定制化安全准入考试、开复工前考核、作业现场考问等，倒逼外包队伍强化自身安全能力和业务能力建设，逐步培育一批资质优良、管理精细、技术过硬的核心外包队伍。

5. 强化作业现场管控

（1）强化作业前期管理。全面应用“一表一库”，分层分级组织检修方案编审批，突出风险辨识，细化管控措施，提高方案质量，实现作业风险超前预防和事故防范关口前移。充分考虑作业性质、风险情况、人员承载力和技能水平等因素，合理安排作业人员、机具、物料，保障作业实施安全可控、刚性有序。

（2）强化作业过程管控。依据检修工序风险库，加强风险日防控，紧盯关键环节和高风险工序，落实各级管理人员到岗到位要求，强化高处作业、有限空间作业、近电作业、大型设备吊装作业等过程管控，规范执行作业现场开（收）工会制度，强化作业人员安全技术交底，明确人员职责、关键风险点及预控措施，确保施工作业安全和质量。

（3）强化现场标准作业。坚持“信息化手段、标准化管控”，完善标准作业卡，细化作业流程，聚焦重点工艺，严格外包（租赁）、自主实施项目的检修、验收标准作业卡现场应用，强化技术标准落实。编制输变电典型作业标准工期，针对多专业配合的复杂作业，综合考虑人员、机具及环境等因素，确定合理检修工期，保障有效检修时长。

（4）强化现场人员管控。聚焦重点人员的现场监管，通过现场身份标注、差异化分派工作任务，严格控制“新人”［入职两年以内的新员工（含转岗人员）］和“外人”（厂家技术服务及外部施工人员）工作范围及操作权限，实施现场差异化监护，确保作业行为可控、在控。加快员工技术能力提升，通过强化技能实操培训，开展技能过关评价，推进核心业务自主实施，逐步培养一批业务精、能力强的“明白人”。

四、作业风险管控流程

作业安全风险管控遵循“全面评估、分级管控”原则，强化“管专业必须管安全”，依托安全生产风险管控平台（以下简称平台，含 App）实施全过程管理，包括计划管理、风险识别、评估定级、管控措施制定、作业风险管控督查例会、风险公示告知、现场风险管控、评价考核等环节。作业风险管控工作流程图如图 3–6 所示。

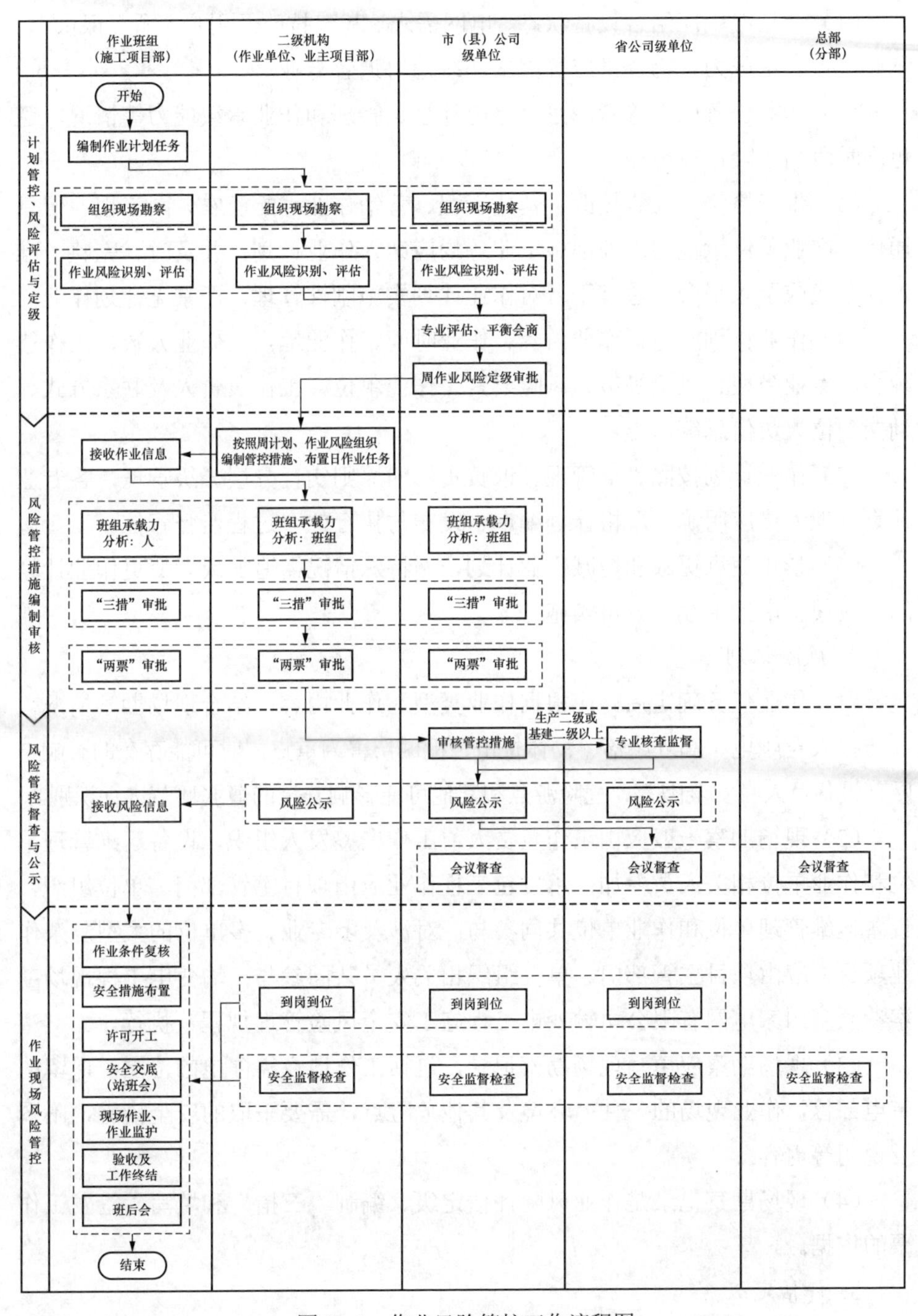

图 3-6　作业风险管控工作流程图

1. 计划管理

（1）计划编制应结合设备状态、电网需求、基建技改及用户工程、保供电、气候特点、承载力、物资供应等因素，统筹协调各专业。

（2）作业任务应统筹考虑月度停电计划、管理和作业承载能力等情况，避免同时段高风险作业叠加。

（3）生产检修、大修技改、基建工程、营销作业、配（农）网工程、信息通信、产业单位承揽的内外部施工业务均应纳入作业计划，并及时、完整、准确地集成或录入平台，通过平台对作业计划实施刚性管理，严禁无计划作业。

（4）作业计划应包括作业内容、作业时间、作业地点、作业人数、工作票种类、专业类型、风险等级、风险要素、作业单位、工作负责人及联系方式、到岗到位人员信息等内容。

（5）作业计划按照“谁管理、谁负责”的原则实行分层分级管理，各专业计划管理人员应明确，严格计划编审、发布与执行的全过程监督管控。

（6）禁止随意更改和增减作业计划，遇特殊情况需追加或者变更作业计划的，应履行审批手续后方可实施。

2. 风险识别

（1）作业任务确定后，应根据作业类型、作业内容，结合现场勘察情况，以防控人身触电、高处坠落、物体打击、机械伤害为重点，对可能存在的影响电网、设备及人身安全因素、危险源点和其他可能影响安全的薄弱环节进行识别。

（2）现场勘察一般应由工作负责人或工作票签发人组织，设备运维管理单位和作业单位相关人员参加；承发包工程作业应由项目主管部门、单位组织，设备运维管理单位和作业单位共同参与；对涉及多专业、多单位的大型复杂作业项目，应由项目主管部门、单位组织相关人员共同参与；输变电工程现场勘察参照《国家电网有限公司输变电工程施工安全风险管理规程》执行。

（3）现场勘察应填写现场勘察记录，包括工作地点需停电的范围，保留的带电部位，作业现场的条件、环境及其他危险点，需要采取的安全措施，附图及说明等内容。

（4）现场勘察记录是作业风险评估定级、编制“三措”和填写、签发工作票的依据。

3. 评估定级

（1）作业风险评估定级一般由工作票签发人或工作负责人组织，涉及多专业、多单位共同参与的大型复杂作业，应由作业项目主管部门、单位组织开展。

（2）根据安全风险的可能性、后果严重程度，作业风险从高到低分为一至五级。同一作业计划（日）内包含多个工序、不同等级风险工作时，按就高原则确定。

（3）生产作业、配（农）网工程施工作业、营销作业参照典型生产作业风险定级库进行风险定级；输变电工程按照《国家电网有限公司输变电工程施工安全风险管理规程》执行；迁改工程施工作业参照上述对应专业风险定级要求执行。

（4）遇有恶劣天气、连续工作超 8h、夜间作业等情况，宜提高风险等级进行管控。

（5）评估为Ⅲ级及以上风险的作业计划，应由各单位专业管理部门（项目管理部门）审核确认，并实施风险预警；由作业单位填写作业安全风险预警管控单，如图 3-7 所示。专业管理部门审核风险评估准确性、风险控制措施合理性，明确到岗到位和安全督查人员；Ⅲ级作业风险由各单位专业管理部门负责人签发，Ⅳ、Ⅴ级作业风险由市公司级单位分管领导签发；工作终结时风险预警解除。作业安全风险预警工作流程图如图 3-8 所示。

4. 管控措施制定

（1）作业风险管控措施由作业班组、相关专业管理部门和单位分级策划制定，并经逐级审批：Ⅳ、Ⅴ级风险作业，风险管控措施应由二级机构组织审核，工程施工作业由施工项目部审核；Ⅲ级风险作业，风险管控措施应由地市级单位专业管理部门组织审核，工程施工作业由业主项目部审核；Ⅱ级风险作业，风险管控措施应由地市级单位分管领导组织审核，工程施工作业由建设管理单位专业管理部门组织审核；Ⅰ级风险作业不得实施，须采取措施降至Ⅱ级风险才可进行。

（2）开展班组员工承载力分析，合理安排作业力量。工作负责人胜任工作任务，作业人员技能、安全等级符合工作需要，管理人员到岗到位。

（3）组织协调停电手续办理，落实动态风险预警措施，做好外协单位或需要其他配合单位的联系工作。

（4）资源调配满足现场工作需要，提供必要的设备材料、备品备件、车辆、机械、作业机具及安全工器具等。

作业安全风险管控单（模板）

××单位××专业〔××××年〕××号

发布部门（盖章）　　发布日期：××××年××月××日

作业单位（部门）			
作业班组		工作负责人	
作业内容			
风险分析			
预警计划时间	××××年××月××日××时		
预警解除时间		风险等级	
管控措施			
现场勘察记录			
三措			
工作票			
危险点分析和控制			
到岗到位人员	姓名	联系电话	
安全督查人员	姓名	联系电话	
编制人员	姓名	联系电话	
审核人员	姓名	联系电话	
签发人员	姓名	联系电话	

图3－7　作业安全风险预警管控单

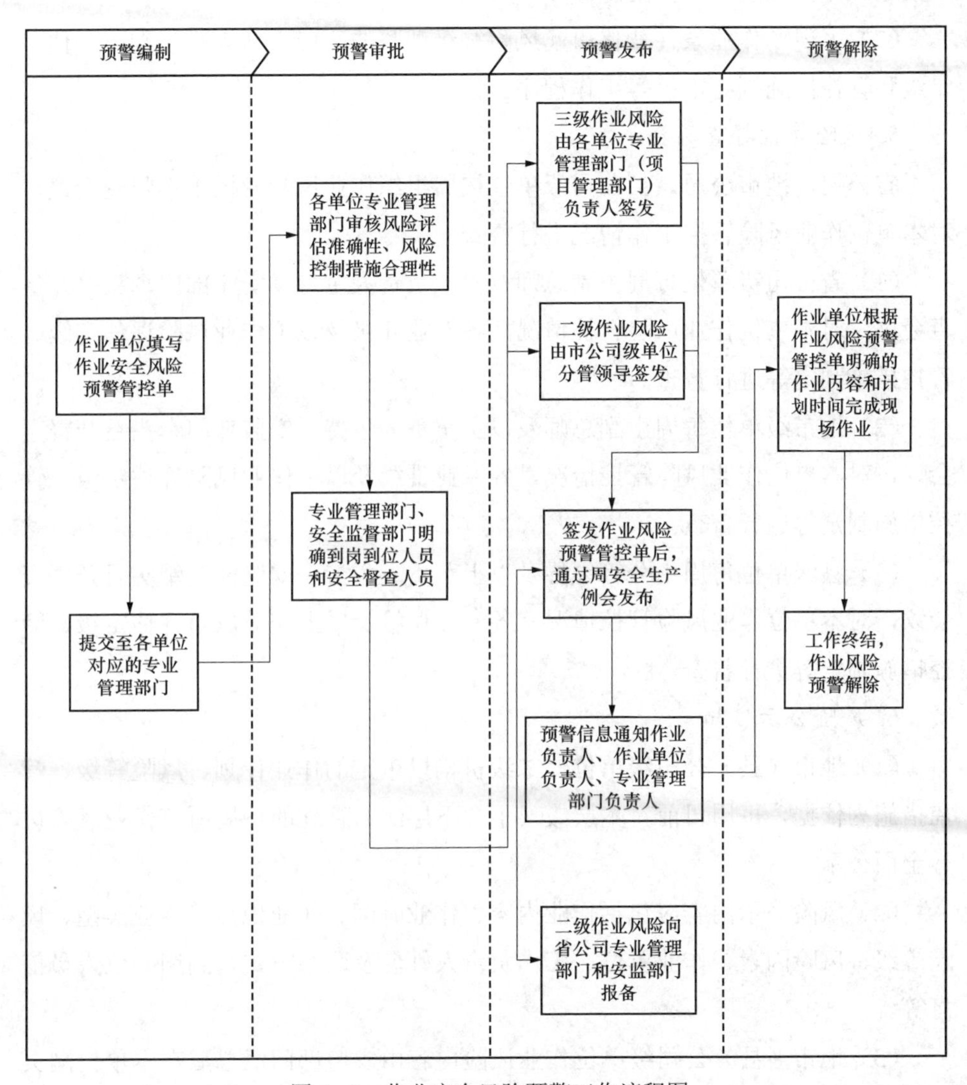

图 3–8　作业安全风险预警工作流程图

（5）科学严谨制定方案。根据现场勘察情况组织制定施工“三措”（即组织措施、技术措施、安全措施）、作业指导书，有针对性和可操作性。危险性、复杂性和困难程度较大的作业项目工作方案，应经本单位批准后结合现场实际执行。

（6）组织方案交底。组织工作负责人等关键人、作业人员（含外协人员）、相关管理人员进行交底，明确工作任务、作业范围、安全措施、技术措施、组织措施、作业风险及管控措施。

（7）因现场作业条件变化引起风险等级调整的，应重新履行识别、评估、定级和管控措施制定审核等工作程序。

5. 风险管控督查例会

省公司、地市公司、县公司级单位按周组织作业风险管控工作督查会议，对本单位作业风险管控工作情况进行督查。

（1）省公司级单位每周由副总师及以上负责人主持、安监部门牵头召开督查会议，对本单位作业风险管控情况，各专业Ⅱ级及以上作业风险评估定级、管控措施制定等进行督查。

（2）地市级单位每周由副总师及以上负责人主持、安监部门牵头召开督查会议，对本单位作业风险管控情况，各专业Ⅲ级及以上作业风险评估定级、管控措施制定等进行督查。

（3）县级单位每周由分管领导及以上负责人主持、安监部门牵头召开督查会议，对本单位作业风险管控情况，各专业Ⅳ级及以上作业风险评估定级、管控措施制定等进行督查。

6. 风险公示告知

（1）地市（县）公司级单位、二级机构以审定的作业计划、风险等级、管控措施为依据，每周日前对本层级（不含下层级）管理的下周所有作业风险进行全面公示。

（2）风险公示内容应包括作业内容、作业时间、作业地点、专业类型、风险等级、风险因素、作业单位、工作负责人姓名及联系方式、到岗到位人员信息等。

（3）地市（县）公司级单位作业风险内容由安监部门汇总后在本单位网页公告栏内进行公示；各中心、项目部等二级机构均应在醒目位置张贴作业风险内容。

7. 现场风险管控

现场实施主要风险包括电气误操作、继电保护“三误”（即误碰、误整定、误接线）、触电、高处坠落、机械伤害等。

现场实施风险管控的主要措施与要求如下：

（1）严格执行工作票、操作票制度。正确使用工作票、动火工作票、二次安全措施票和事故应急抢修单，解锁操作应严格履行审批手续，并实行专人监护，接地线编号与操作票、工作票一致。

（2）严格执行状态交接制度。许可工作前，工作许可人、工作负责人共同检查及确认现场安全措施，必要时进行补充完善，并做好相关记录。

（3）组织站班会，交待工作内容、人员分工、带电部位和现场安全措施，告知危险点及防控措施。核实作业机具、安全工器具和个人安全防护用品，确保合格有效；核实作业人员是否具备安全准入资格、特种作业人员是否持证上岗、特种设备是否检测合格。

（4）工作票（作业票）签发人或工作负责人对有触电危险、施工复杂、容易发生事故的作业，应增设专责监护人，确定被监护的人员和监护范围，专责监护人不得兼做其他工作。

（5）现场作业过程中，工作负责人、专责监护人应始终在作业现场，严格执行工作监护和间断、转移等制度，做好现场工作的有序组织和安全监护。工作负责人重点抓好作业过程中危险点管控，应用移动作业App检查和记录现场安全措施落实情况。

（6）建立健全生产作业到岗到位管理制度，明确到岗到位标准和工作内容，实行分层分级管理：Ⅲ级风险作业，相关地市级单位或专业管理部门、县公司级单位负责人或管理人员应到岗到位；Ⅱ级风险作业，相关地市级单位分管领导或专业管理部门负责人应到岗到位；涉及多专业、多单位的生产作业项目，地市级单位相关部门和单位应分别到岗到位；输变电工程到岗到位要求按照《国家电网有限公司输变电工程建设安全管理规定》执行。

（7）加强作业现场安全监督检查，对各类作业现场开展“四不两直”现场和远程视频安全督查。省公司级单位应对所辖范围内的二级风险作业现场开展全覆盖督查。地市公司级单位应对所辖范围内的三级及以上风险作业现场开展全覆盖督查。县公司级单位对所辖范围内的作业现场开展全覆盖督查。

（8）现场工作结束后，工作负责人恢复设备至工作许可前设备状态，配合设备运维管理单位做好验收工作，核实工器具、视频监控设备回收情况，清点作业人员，应用移动作业App做好工作终结记录。

（9）工作结束后组织全体班组人员召开班后会，对作业现场安全管控措施落实及“两票三制”执行情况进行总结评价。

8. 评价考核

（1）定期分析评估作业风险管控工作执行情况，督促落实安全管控工作标准和措施，持续改进和提高作业安全管控工作水平。

（2）将作业风险管控工作纳入日常督查工作内容，将无计划作业、随意变更作业计划、风险评估定级不严格、管控措施不落实等情形纳入违章行为，进行严肃通报处罚。

9. 应急处置

针对现场具体作业项目编制风险失控现场应急处置方案，组织作业人员学习并掌握现场处置方案。现场应急处置方案范例见附录 B。现场工作人员应定期接受培训，学会紧急救护法，会正确脱离电源，会心肺复苏法，会转移搬运伤员等。

五、典型作业安全风险辨识与控制

1. 电气试验作业安全风险辨识内容（公共部分）（见表 3–9）

表 3–9　电气试验作业安全风险辨识内容（公共部分）

序号	辨识项目	辨识内容
1	气象条件	五级以上大风，能见度小于 20m，大雾、大雪、冰冻、雷雨天气时，暂时停止作业，待天气情况好转后继续进行
2	停役设备	现场勘察到位，施工方案正确，现场情况明确，邻近带电设备停役，包括分支线路、交叉跨越、反送电源等
3	作业人员	身体状况有无伤病；是否疲劳困乏；情绪是否异常或失态；是否适合登高等大运动量作业；有无连续工作或家庭等其他原因影响
4	实习及外来人员	实习及外来人员，适当安排能胜任或辅助性工作，或安排师傅专门带领工作。非专业或明显不能胜任人员，增设专责监护人全程监护
5	安全工器具	验电器、绝缘棒、绝缘垫、安全带等安全工器具应检查外观、试验标签等合格、齐全，电压等级与实际需要相符。登高工具（脚扣、绝缘梯等）使用前，还应检查并保证各部件连接和操动机构完好
6	安全措施	工作票或施工作业票应正确、规范、合格；安全措施完备，有针对性；现场交底全面；安全监护落实到位
7	试验准备	根据试验性质、设备参数和结构，确定试验项目，编写现场电气试验执行卡和试验方案；了解现场试验条件，落实试验所需配合工作；组织作业人员学习作业指导书，使全体作业人员熟悉作业内容、作业标准、安全注意事项；了解被试设备出厂和历史试验数据，分析设备状况；准备试验用仪器仪表，所用仪器仪表良好，有校验要求的仪表应在校验周期内

2. 电气试验作业安全风险辨识内容及典型控制措施（专业部分）（见表3-10）

表3-10　电气试验作业安全风险辨识内容及典型控制措施（专业部分）

序号	辨识项目	辨识内容	典型控制措施
1	高压试验操作	（1）仪器的摆放位置不合理，高压引线不合格造成触电	作业时，保证仪器、操作箱与高压部分之间的安全距离符合相应的试验规程要求
		（2）试验时试验仪器外壳未接地，造成外壳带高压而使试验人员触电	试验时试验仪器外壳必须可靠接地，试验仪器与设备的接线应牢固可靠，试验人员站在绝缘垫上操作
		（3）试验时挂接高压引线时，挂在相邻带电设备上，造成触电和仪器损坏	被试设备围栏设置正确完整，在带电设备附近挂接高压引线前必须核对命名，挂接时有专人监护
		（4）加压前调压器未置零位，造成误升压，损坏被试品和试验设备	检查调压器零位位置、仪表的开始状态以及表计倍率均正确无误
		（5）试验人员在更改接线时，试验电源没有明显断开点，没有对被试设备放电接地，造成改线人员触电	遇异常情况、变更接线或试验结束时，应首先将电压回零，然后断开电源侧开关，并在试品和加压设备的输出端充分放电并接地，对大电容量试品还必须反复放电
		（6）试验时，其他人员突然进入造成触电	试验时，必须做好封闭围栏，升压时试验人员注意力高度集中，做好监护工作，防止其他人员突然窜入和其他异常情况发生
		（7）试验人员配合不默契，或没有高声呼唱，由于误升压造成试验人员触电	试验人员升压时必须高声呼唱，升压前核对仪表量程及等级和零位
		（8）对大容量设备高压试验后不使用专用放电棒放电	对大容量设备高压试验后应使用专用放电棒放电
		（9）对容性设备进行试验工作放电不规范，造成触电	1）对电缆、电容器等容性设备试验前及结束后，应将被试设备逐个多次放电，放电应通过放电棒进行放电，放电线截面应不小于10mm^2； 2）未装接地线的大电容被试设备，应先行放电再进行试验； 3）高压直流试验时，每告一段落或试验结束时，应将设备对地放电数次并短路接地
		（10）在带电设备附近测量绝缘电阻时，操作不规范，造成触电	1）测量绝缘时，必须将被测设备从各方面断开，验明无电压，确实证明设备无人工作后，方可进行。在测量中禁止他人接近被测设备； 2）测量人员和绝缘电阻表安放位置，应选择适当，保持安全距离，以免绝缘电阻表引线或引线支持物触碰带电部分； 3）移动引线时，应注意监护，防止工作人员触电； 4）雷电时，严禁测量线路绝缘

续表

序号	辨识项目	辨识内容	典型控制措施
1	高压试验操作	（11）电力电缆线路试验措施不规范，造成触电	1）电缆耐压试验前，加压端应做好安全措施，防止人员误入试验场所，另一端应挂上警告牌并派人看守； 2）电缆的试验过程中，更换试验引线时，应先对设备充分放电，放电时工作人员应戴好绝缘手套； 3）电缆试验结束，应对被试电缆逐相进行充分放电，并在被试电缆上加装临时接地线，待电缆尾线接通后才可拆除
2	设备不拆头试验	（1）被试设备不拆头试验时，引线带电，给检修人员造成伤害	1）试验负责人在试验前，同检修负责人联系，检查试验设备范围内检修人员撤离现场； 2）试验负责人增派专人在带电引线两侧安全监护； 3）试验结束后，要对被试设备充分放电后，并经试验负责人同意，专职安全监护人方可离开监护现场
		（2）设备试验时，绝缘操作杆较长，如遇大风或操作不当，绝缘操作杆可能横向倒向邻近带电设备	1）在进行换接试验接线时，绝缘杆操作人要集中精力，防止绝缘棒脱手； 2）试验操作人站位要在被试设备内侧，保持与邻近带电间隔安全距离，避免绝缘操作杆倒下时引起事故； 3）必要时由 2 人同时操作绝缘杆，在风力较大时停止试验作业
		（3）在试验时，有人突然进入试验区域造成触电	做好安全围栏，开启警示灯，专人监护
		（4）敷设测量电线时，电线被车辆拖拉，造成人员伤害	敷设测量电线时，尽量靠近路边，路口派人员监护
		（5）设备试验时，由于感应电压的存在，造成人员伤害以及仪器设备损坏	1）现场工作时，使用绝缘手套、绝缘垫； 2）测量接线前后，应挂装临时接地线
3	变压器类设备试验	（1）作业人员进入作业现场不戴安全帽，不穿绝缘鞋，试验操作人员不站在绝缘垫上操作，可能发生人身伤害事故	进入试验现场，试验人员必须正确佩戴安全帽，穿绝缘鞋，试验操作人员应站在绝缘垫上操作
		（2）作业人员进入作业现场可能发生走错间隔及与带电设备保持距离不够的情况	开始试验前，负责人应对全体试验人员详细说明试验中的安全注意事项。根据带电设备的电压等级，试验人员应注意保持与带电体的安全距离不应小于《安规》中规定的距离
		（3）攀爬主变压器套管进行试验接（拆）线，造成作业人员高处坠落	严禁攀爬主变压器 220kV 侧及以上等级套管进行试验接（拆）线工作
		（4）使用高架车上进行套管试验接线时未用安全带，身体过度外倾造成高处坠落	1）作业前书面向驾驶员现场安全交底，指明带部位、工作范围及安全注意事项； 2）高架车使用应有专人指挥和监护，作业前与驾驶员统一指挥信号； 3）施工作业时无论高架车、设备都应可靠接地，在感应电较强区域应穿屏蔽服作业； 4）在高架车升起前确认作业斗门已扣紧，进行试验接线时必须使用安全带，严禁身体重心超出斗外

续表

序号	辨识项目	辨识内容	典型控制措施
3	变压器类设备试验	（5）本体上面空间较小，常沾有油污造成人员打滑坠落	1）在本体上进行试验时，必须先清除油污，做好防坠落措施； 2）必要时可以系安全带防止坠落
		（6）登高作业时，易发生高处坠落；梯子搬运或举起、放倒时可能失控触及带电设备	1）作业人员在高处作业时应系安全带，并将安全带系在牢固构件上； 2）在梯子上作业，必须用绳索绑扎牢固，梯子下部应派专人扶持，并加强现场安全监护； 3）选择梯子要得当，使用前要检查梯子有否断档开裂现象，梯子与地面的夹角应在 60°左右，梯子应放倒 2 人搬运，举起梯子应 2 人配合，防止倒向带电部位； 4）梯子上作业应使用工具袋，严禁上下抛掷物品
		（7）试验时试验仪器外壳未接地，造成外壳带高压而试验人员触电	试验时试验仪器外壳必须可靠接地，试验仪器与设备的接线应牢固可靠，试验人员站在绝缘垫上操作
		（8）试验时挂接高压引线时，挂在相邻带电设备上，造成触电和仪器损坏	在带电设备附近挂接高压引线前必须核对命名，挂接时有专人监护
		（9）试验人员在更改接线时，没有对被试设备放电接地，造成改线人员触电	遇异常情况、变更接线或试验结束时，应首先将电压回零，然后断开电源侧开关，并在试品和加压设备的输出端充分放电并接地，对大电容量试品还必须反复放电
		（10）试验时，没有围栏或围栏有缺口，其他人员突然窜入造成触电；在围栏完好时，其他人员强行闯入，造成人员触电	试验时，必须做好封闭围栏，向外悬挂“止步，高压危险！”的标示牌，并有专人监护；升压时试验人员注意力高度集中，防止其他人员突然窜入和其他异常情况发生
		（11）试验人员配合不默契，或没有高声呼唱，由于误升压造成试验人员触电	试验人员升压时必须高声呼唱，升压前核对仪表量程及等级和零位
		（12）设备试验时，绝缘操作杆较长，如遇大风或操作不当，绝缘操作杆可能横向倒向邻近带电设备	在进行换接试验接线时，绝缘杆操作人要集中精力，防止使绝缘棒脱手；试验操作人站位要在被试设备内侧，保持与邻近带电间隔安全距离，避免绝缘操作杆倒下时引起事故；必要时由 2 人同时操作绝缘杆，在风力较大时停止试验作业
		（13）试验设备和被试设备因不良气象条件和表面脏污引起外绝缘闪络	试验应在天气良好的情况下进行，遇雷雨大风等天气应停止试验，禁止在雨天和湿度大于 80%时进行试验，保持设备绝缘表面清洁
		（14）对被试变压器进行高压试验时，由于系统感应电可能造成对试验人员和设备的伤害	拆除被试变压器各侧绕组与系统高压的一切引线，试验前，将被试变压器各侧绕组短路接地，充分放电。放电时应采用专用绝缘工具，不得用手触碰放电导线
		（15）测量变压器绕组连同套管直流泄漏电流时，因放电不充分或不正确可能造成人员触电	改接试验接线前，将被试变压器试验侧绕组短路接地，充分放电。放电时应采用专用绝缘工具，不得用手触碰放电导线

续表

序号	辨识项目	辨识内容	典型控制措施
3	变压器类设备试验	（16）测量变压器绕组电阻时，可能造成试验人员触电和设备损坏	任一绕组测试完毕，应进行充分放电后，才能更改接线
		（17）主变压器套管上部试验引线夹头脱落，造成人员触电伤害	做主变压器试验时，主变压器套管上部试验引线夹头要装设牢固，试验引线不能受力过大
		（18）套管末屏开路引起套管损坏	试验接线时检查检测阻抗及连接线导通良好，检查所有非测试相套管末屏接地良好
		（19）套管式电流互感器二次绕组开路引起损坏	试验前套管式电流互感器二次绕组应短路接地
		（20）电缆和导线过热、着火	核算试验电流不超过电缆和导线的允许工作电流，所有接头应可靠连接
		（21）试验完成后没有恢复设备原来状态，导致事故发生	试验结束后，恢复被试设备原来状态，进行检查和清理现场
4	开关类设备试验	（1）作业人员进入作业现场不戴安全帽，不穿绝缘鞋，试验操作人员不站在绝缘垫上操作可能发生人身伤害事故	进入试验现场，试验人员必须正确佩戴安全帽，穿绝缘鞋，试验操作人员应站在绝缘垫上操作
		（2）作业人员进入作业现场可能发生走错间隔及与带电设备保持距离不够情况	开始试验前，负责人应对全体试验人员详细说明试验中的安全注意事项。根据带电设备的电压等级，试验人员应注意保持与带电体的安全距离不应小于《安规》中规定的距离
		（3）使用高架车上进行并联电容器试验接线时未用安全带身体过度外倾造成高处坠落	1）作业前书面向驾驶员现场安全交底，指明带部位，工作范围及安全注意事项； 2）高架车使用应有专人指挥和监护，作业前与驾驶员统一指挥信号； 3）施工作业时无论高架车、设备都应可靠接地，在感应电较强区域应穿屏蔽服作业； 4）在高架车升起前确认作业斗门已扣紧，进行试验接线时必须使用安全带，严禁身体重心超出斗外
		（4）登高作业时，易高处坠落，梯子搬运或举起、放倒时可能失控触及带电设备	1）作业人员在高处作业时应系安全带，并将安全带系在牢固构件上； 2）在梯子上作业，必须用绳索绑扎牢固，梯子下部应派专人扶持，并加强现场安全监护； 3）选择梯子要得当，使用前要检查梯子有否断档开裂现象，梯子与地面的夹角应在 60°左右，梯子应放倒由 2 人搬运，举起梯子应由 2 人配合防止倒向带电部位； 4）梯子上作业应使用工具袋，严禁上下抛掷物品
		（5）试验时试验仪器外壳未接地，造成外壳带高压而试验人员触电	试验时试验仪器外壳必须可靠接地，试验仪器与设备的接线应牢固可靠，试验人员站在绝缘垫上操作
		（6）试验时挂接高压引线时，挂在相邻带电设备上，造成触电和仪器损坏	在带电设备附近挂接高压引线前必须核对命名，挂接时有专人监护

续表

序号	辨识项目	辨识内容	典型控制措施
4	开关类设备试验	（7）试验人员在更改接线时，没有对被试设备放电接地，造成改线人员触电	遇异常情况、变更接线或试验结束时，应首先将电压回零，然后断开电源侧开关，并在试品和加压设备的输出端充分放电并接地，对大电容量试品还必须反复放电
		（8）试验时，没有围栏或围栏有缺口，其他人员突然窜入造成触电；在围栏完好时，其他人员强行闯入，造成人员触电	试验时，必须做好封闭围栏，向外悬挂“止步，高压危险！”的标示牌，并有专人监护。升压时试验人员注意力高度集中，防止其他人员突然进入和其他异常情况发生
		（9）试验人员配合不默契，或没有高声呼唱，由于误升压造成试验人员触电	试验人员升压时必须高声呼唱，升压前核对仪表量程及等级和零位
		（10）设备试验时，绝缘操作杆较长，如遇大风或操作不当，绝缘操作杆可能横向倒向邻近带电设备	1）在进行换接试验接线时，绝缘杆操作人要集中精力，防止绝缘棒脱手； 2）试验操作人站位要在被试设备内侧，保持与邻近带电间隔安全距离，避免绝缘操作杆倒下时引起事故； 3）必要时由2人同时操作绝缘杆，在风力较大时停止试验作业
		（11）试验设备和被试设备因不良气象条件和表面脏污引起外绝缘闪络	试验应在天气良好的情况下进行，遇雷雨大风等天气应停止试验，禁止在雨天和湿度大于80%时进行试验，保持设备绝缘表面清洁
		（12）断口并联电容试验时，由于系统感应电可能造成对试验人员和设备的伤害	试验前应测量感应电压，接线时试品接地应良好，保证试验人员的安全和试验设备不被损坏
		（13）注意分、合闸线圈铭牌标注的额定动作电压，忽略时可能造成低电压试验误加压使线圈损坏	核对分、合闸线圈铭牌，注意控制试验加压范围
		（14）分、合闸试验时，可能造成检修人员人身伤害事故	在试验中，应停下与此断路器相连设备（如电流互感器等）的工作，并提醒相关工作人员
		（15）外接直流电源进行试验时，可能串入运行直流系统，造成系统跳闸事故	试验前须将断路器的二次控制回路的直流电源拉掉
		（16）试验完成后没有恢复设备原来状态，导致事故发生	试验结束后，恢复被试设备原来状态，进行检查和清理现场
5	绝缘子、套管试验	（1）作业人员进入作业现场不戴安全帽，不穿绝缘鞋，试验操作人员不站在绝缘垫上操作，可能发生人身伤害事故	进入试验现场，试验人员必须正确佩戴安全帽，穿绝缘鞋，试验操作人员应站在绝缘垫上操作
		（2）作业人员进入作业现场，可能发生走错间隔及与带电设备保持距离不够的情况	开始试验前，负责人应对全体试验人员详细说明试验中的安全注意事项。根据带电设备的电压等级，试验人员应注意保持与带电体的安全距离不应小于《安规》中规定的距离

续表

序号	辨识项目	辨识内容	典型控制措施
5	绝缘子、套管试验	（3）高压试验区不设安全围栏，使非试验人员误入试验场地，造成触电	高压试验区应装设专用遮栏或围栏，向外悬挂“止步，高压危险！”的标示牌，并有专人监护，严禁非试验人员进入试验场地
		（4）加压时无人监护，升压过程不呼唱，可能造成误加压或设备损坏，人员触电	试验过程应派专人监护，升压时进行呼唱，试验人员在试验过程中注意力应高度集中，防止异常情况发生。当出现异常情况时，应立即停止试验，查明原因后，方可继续试验
		（5）登高作业可能发生高处坠落或设备损坏	工作中如需使用登高工具时，应做好防止设备件损坏和人员高处摔跌的安全措施
		（6）试验中接地不良，可能造成试验人员伤害和仪器损坏	试验器具的接地端和金属外壳应可靠接地，试验仪器与设备的接线应牢固可靠
		（7）不断开电源，不挂接地线，可能对试验人员造成伤害	遇异常情况、变更接线或试验结束时，应首先将电压回零，然后断开电源侧开关，并在试品和加压设备的输出端充分放电并接地
		（8）试验设备和被试设备因不良气象条件和表面脏污引起外绝缘闪络	试验应在天气良好的情况下进行，遇雷雨大风等天气应停止试验，禁止在雨天和湿度大于80%时进行试验，保持设备绝缘表面清洁
		（9）套管末屏开路引起套管损坏	试验接线时检查连接线导通良好，检查所有非测试相套管末屏接地良好
		（10）套管电流互感器二次开路引起损坏	试验前套管电流互感器二次应短路接地
		（11）套管末屏开路引起套管损坏	试验接线时检查连接线导通良好，检查所有非测试相套管末屏接地良好
		（12）试验完成后没有恢复设备原来状态，导致事故发生	试验结束后，恢复被试设备原来状态，进行检查和清理现场
6	架空线、电缆试验	（1）作业人员进入作业现场不戴安全帽，不穿绝缘鞋，试验操作人员不站在绝缘垫上操作可能发生人身伤害事故	进入作业现场，试验人员必须正确佩戴安全帽，穿绝缘鞋，试验操作人员应站在绝缘垫上操作
		（2）作业人员进入作业现场可能发生走错间隔及与带电设备保持距离不够情况	开始作业试验前，负责人应对全体试验人员详细说明试验中的安全注意事项。根据带电设备的电压等级，试验人员应注意保持与带电体的安全距离不应小于《安规》中规定的距离
		（3）登高作业可能发生接（拆）线造成作业人员高处坠落	工作中如需使用登高作业时，应做好防止作业人员高空摔跌的安全措施，必须使用安全带
		（4）由于系统感应电可能造成对施工人员及设备的伤害	开工前应确认安全措施是否到位并做好接地放电防感应电措施，放电时应采用专用绝缘工具，不得用手触碰放电导线

续表

序号	辨识项目	辨识内容	典型控制措施
6	架空线、电缆试验	（5）试验时，没有围栏或围栏有缺口，其他人员突然窜入造成触电；在围栏完好时，其他人员强行闯入，造成人员触电	试验时，必须做好封闭围栏，向外悬挂“止步，高压危险！”的标示牌，并有专人监护；升压时试验人员注意力高度集中，防止其他人员突然窜入和其他异常情况发生
		（6）试验时试验仪器外壳未接地，造成外壳带高压而试验人员触电	试验时试验仪器外壳必须可靠接地，试验仪器与设备的接线应牢固可靠，试验人员站在绝缘垫上操作
		（7）试验人员在更改接线时，没有对被试设备放电接地，造成改线人员触电	遇异常情况、变更接线或试验结束时，应首先将电压回零，然后断开电源侧开关，并在试品和加压设备的输出端充分放电并接地，对大电容量试品还必须反复放电
		（8）不采取预防感应电触电措施，可能会对设备及人员造成伤害	在试验接线和拆线时应采取必要的防止感应电触电措施，防止感应电伤人
		（9）试验时，两侧通信不畅，可能对人员造成伤害	保持两侧通信畅通
		（10）同杆架设的非被试线路带电时，可能对设备及人员造成伤害	感应电压过高时，需将同杆架设的非被试线路停电
		（11）精确定位时，用手触摸定位故障点可能对试验人员造成伤害	严禁用手触摸故障点，防止人身触电
		（12）故障电缆末端在测试过程中带电，可能造成人员伤害	应在故障电缆末端做好安全措施并指定专人监护
		（13）试验人员配合不默契，或没有高声呼唱，由于误升压造成试验人员触电	试验人员升压时必须得到负责人的许可并高声呼唱，升压前核对仪表量程、等级和零位
		（14）试验设备和被试设备因不良气象条件和表面脏污引起外绝缘闪络	试验应在天气良好的情况下进行，遇雷雨大风等天气应停止试验，禁止在雨天和湿度大于 80%时进行试验，保持设备绝缘表面清洁
		（15）试验完成后没有恢复设备原来状态，导致事故发生	试验结束后，恢复被试设备原来状态，进行检查和清理现场
7	电容器试验	（1）作业人员进入作业现场不戴安全帽，不穿绝缘鞋	进入试验现场，试验人员必须正确佩戴安全帽，穿绝缘鞋，操作人员必须站在绝缘垫上
		（2）作业人员进入作业现场可能发生走错间隔及与带电设备保持距离不够的情况	开始试验前，负责人应对全体试验人员详细说明试验中的安全注意事项。根据带电设备的电压等级，试验人员应注意保持与带电体的安全距离不应小于《安规》中规定的距离
		（3）高压试验区不设安全围栏，使非试验人员误入试验场地，可能造成人员触电	试验区应装设专用遮栏或围栏，向外悬挂“止步，高压危险！”的标示牌，并有专人监护，严禁非试验人员进入试验场地
		（4）加压时无人监护，升压过程不呼唱，可能造成误加压或非试验人员误入试验区，造成触电或设备损坏	试验过程应派专人监护，升压时进行呼唱，试验人员在试验过程中注意力应高度集中，防止异常情况的发生。当出现异常情况时，应立即停止试验，查明原因后，方可继续试验

续表

序号	辨识项目	辨识内容	典型控制措施
7	电容器试验	（5）登高作业可能发生高处坠落或设备损坏	工作中如需使用登高工具时，应做好防止设备损坏和人员高处摔跌的安全措施
		（6）接地不良，可能造成试验人员伤害和仪器损坏	试验器具的接地端和金属外壳应可靠接地，试验仪器与设备的接线应牢固可靠
		（7）不断开电源，不挂接地线，可能对试验人员造成伤害	遇到异常情况查找原因、变更接线或试验结束时，应首先将电压回零，然后断开电源侧刀闸，并在试品和加压设备的输出端充分放电并接地
		（8）试验设备和被试设备因不良气象条件和外绝缘脏污引起外绝缘闪络	高压试验应在天气良好的情况下进行，遇雷雨大风等天气应停止试验，不宜在湿度大于 80%时进行试验，保持设备表面绝缘清洁
		（9）试验完成后没有恢复设备原来状态，导致事故发生	试验结束后，恢复被试设备原来状态，进行检查和清理现场
8	接地装置试验	（1）作业人员进入作业现场不戴安全帽，不穿绝缘鞋，可能发生人身伤害事故	进入试验现场，试验人员必须正确佩戴安全帽，穿绝缘鞋
		（2）由于变电站周围地形复杂，测试引线敷设及回收时可能引起工作人员的外伤	班组应随身携带常用药箱，测试前工作负责人对变电站地形进行交底，防止意外发生
		（3）测试过程中大幅度拉扯、摆动测试线可能造成与设备带电部位安全距离不足，引起触电	工作负责人向工作班成员交待工作任务时，必须讲明测试点各电压等级带电设备安全距离和注意事项。严禁大幅度拉扯、摆动测试线，工作中加强监护
		（4）发现有系统接地故障时，接触电压及跨步电压可能造成人员伤害事故	工作许可前，工作负责人应事先与工作许可人沟通，一旦系统出现接地故障时，立即通知工作负责人，停止工作
		（5）打雷时雷电流引起的地表电位上升，接触电压及跨步电压可能造成人员伤害事故	测试前后需注意天气的变化，一旦发现天气异常立即停止工作
		（6）测试中测试引线带有一定电压，触及带电部位可能造成人员或动物伤害	测试中电流、电压极及测试引线必须设专人监护
		（7）试验时试验仪器外壳没接地，造成外壳带高压而试验人员触电	试验时试验仪器外壳必须可靠接地
		（8）试验人员配合不默契，或没有高声呼唱，由于误升压造成试验人员触电	试验人员升压前必须通知所有监护人员，并高声呼唱
		（9）试验完成后没有恢复设备原来状态，导致事故发生	试验结束后，恢复被试设备原来状态，进行检查和清理现场

续表

序号	辨识项目	辨识内容	典型控制措施
9	避雷器试验	（1）作业人员进入作业现场不戴安全帽，不穿绝缘鞋，操作人员未站在绝缘垫上可能发生人员伤害事故	进入试验现场，试验人员必须正确佩戴安全帽，穿绝缘鞋，操作人员必须站在绝缘垫上
		（2）作业人员进入作业现场可能发生走错间隔及与带电设备保持距离不够的情况	开始试验前，负责人应对全体试验人员详细说明试验中的安全注意事项。根据带电设备的电压等级，试验人员应注意保持与带电体的安全距离不应小于《安规》中规定的距离
		（3）高压试验区不设安全围栏，会使非试验人员误入试验场地，可能造成人员触电	试验区应装设专用遮栏或围栏，向外悬挂“止步，高压危险！”的标示牌，并有专人监护，严禁非试验人员进入试验场地
		（4）设备试验时，绝缘操作杆较长，如遇大风或操作不当，绝缘操作杆可能横向倒向邻近带电设备	1）在进行换接试验接线时，绝缘杆操作人要集中精力，防止使绝缘棒脱手； 2）试验操作人站位要在被试设备内侧，保持与邻近带电间隔安全距离，避免绝缘操作杆倒下时引起事故； 3）必要时由 2 人同时操作绝缘杆，在风力较大时停止试验作业
		（5）加压时无人监护，升压过程不呼唱，可能造成误加压或非试验人员误入试验区，造成触电或设备损坏	试验过程应派专人监护，升压时进行呼唱，试验人员在试验过程中注意力应高度集中，防止异常情况的发生。当出现异常情况时，应立即停止试验，查明原因后，方可继续试验
		（6）登高作业可能发生高处坠落或设备损坏	工作中如需使用登高工具时，应做好防止设备损坏和人员高处摔跌的安全措施
		（7）接地不良，可能造成试验人员伤害和仪器损坏	试验器具的接地端和金属外壳应可靠接地，试验仪器与设备的接线应牢固可靠
		（8）不断开电源，不挂接地线，可能对试验人员造成伤害	遇到异常情况查找原因、变更接线或试验结束时，应首先将电压回零，然后断开电源侧开关，并在试品和加压设备的输出端充分放电并接地
		（9）试验设备和被试设备应不良气象条件和外绝缘脏污引起外绝缘闪络	高压试验应在天气良好的情况下进行，遇雷雨大风等天气应停止试验，禁止在雨天和湿度大于 80% 时进行试验，保持设备表面绝缘清洁
		（10）进行绝缘电阻测量和高压直流试验后不对试品充分放电，可能发生电击	为保证人身和设备安全，在进行绝缘电阻测量和高压直流试验后应对试品充分放电
		（11）不采取预防感应电触电措施，可能对设备及人员造成伤害	在试验接线和拆线时应采取必要的防止感应电触电措施，防止感应电伤人
		（12）试验结束后未在相邻设备上接地放电，可能对人员造成伤害	相邻未投运设备应接地放电
		（13）试验完成后没有恢复设备原来状态，导致事故发生	试验结束后，恢复被试设备原来状态，进行检查和清理现场

续表

序号	辨识项目	辨识内容	典型控制措施
10	带电检测试验	（1）作业人员进入作业现场不戴安全帽，不穿绝缘鞋，可能会发生人员伤害事故	进入试验现场，试验人员必须正确佩戴安全帽，穿绝缘鞋
		（2）作业人员进入作业现场可能会发生走错间隔及与带电设备保持距离不够情况	开始试验前，负责人应对全体试验人员详细说明试验区域。根据带电设备的电压等级，试验人员应注意保持与带电体的安全距离不应小于《安规》中规定的距离
		（3）晚间测量可能会发生人员摔绊情况	晚间测量时，人员进入试验现场，必须佩戴手电等照明工具
		（4）在带电设备外壳上进行检测时，可能发生人员烫伤情况	戴绝缘手套，测量外壳温度后进行检测
11	油务试验	（1）作业人员进入作业现场不戴安全帽，不穿绝缘鞋，可能发生人员伤害事故	进入试验现场，试验人员必须正确佩戴安全帽，穿绝缘鞋
		（2）作业人员进入作业现场可能发生走错间隔及与带电设备保持距离不够情况	开始试验前，负责人应对全体试验人员详细说明试验区域。根据带电设备的电压等级，试验人员应注意保持与带电体的安全距离不应小于《安规》中规定的距离
		（3）试验完成后没有恢复设备原来状态导致事故发生	试验结束后，恢复被试设备原来状态，进行检查和清理现场

第四章

隐 患 排 查 治 理

第一节 概 述

隐患排查治理应树立“隐患就是事故”的理念，坚持“谁主管、谁负责”和“全面排查、分级管理、闭环管控”的原则，逐级建立排查标准，实行分级管理，做到全过程闭环管控。

一、定义与分级分类

安全隐患是指在生产经营活动中，违反国家和电力行业安全生产法律法规、规程标准以及公司安全生产规章制度，或因其他因素可能导致安全事故（事件）发生的物的不安全状态、人的不安全行为、场所的不安全因素和安全管理方面的缺失等。

1. 隐患分级

根据隐患的危害程度，隐患分为重大隐患、较大隐患、一般隐患三个等级。

（1）重大隐患主要包括可能导致以下后果的安全隐患：

1）一至四级人身、电网、设备事件；

2）五级信息系统事件；

3）水电站大坝溃决、漫坝事件；

4）一般及以上火灾事故；

5）违反国家、行业安全生产法律法规的管理问题。

（2）较大隐患主要包括可能导致以下后果的安全隐患：

1）五至六级人身、电网、设备事件；

2）六至七级信息系统事件；

3）其他对社会及公司造成较大影响的事件；

4）违反省级地方性安全生产法规和公司安全生产管理规定的管理问题。

（3）一般隐患主要包括可能导致以下后果的安全隐患：

1）七至八级人身、电网、设备事件；

2）八级信息系统事件；

3）违反省公司级单位安全生产管理规定的管理问题。

上述人身、电网、设备和信息系统事件，依据《国家电网有限公司安全事故调查规程》（国家电网安监〔2020〕820号）认定。火灾事故等依据国家有关规定认定。

2. 隐患分类

根据隐患产生原因和导致事故（事件）类型，隐患分为系统运行安全隐患、设备设施安全隐患、人身安全隐患、网络安全隐患、消防安全隐患、大坝安全隐患、安全管理隐患和其他安全隐患八类。

二、职责分工

（1）安全隐患所在单位是隐患排查、治理和防控的责任主体。各级单位主要负责人对本单位隐患排查治理工作负全面领导责任，分管负责人对分管业务范围内的隐患排查治理工作负直接领导责任。

（2）各级安全生产委员会负责建立健全本单位隐患排查治理规章制度，组织实施隐患排查治理工作，协调解决隐患排查治理重大问题、重要事项，提供资源保障并监督治理措施落实。

（3）各级安委办负责隐患排查治理工作的综合协调和监督管理，组织安委会成员部门编制、修订隐患排查标准，对隐患排查治理工作进行监督检查和评价考核。

（4）各级安委会成员部门按照“管业务必须管安全”的原则，负责专业范围内隐患排查治理工作。各级设备（运检）、调度、建设、营销、互联网、产业、水电新能源、后勤等部门负责本专业隐患标准编制、排查组织、评估认定、治理实施和检查验收工作；各级发展、财务、物资等部门负责隐患治理所需的项目、资金和物资等投入保障。

（5）各级从业人员负责管辖范围内安全隐患的排查、登记、报告，按照职责分工实施防控治理。

（6）各级单位将生产经营项目或工程项目发包、场所出租的，应与承包、承租单位签订安全生产管理协议，并在协议中明确各方对安全隐患排查、治理和管控的管理职责；对承包、承租单位隐患排查治理进行统一协调和监督管理，定期进行检查，发现问题及时督促整改。

第二节　隐患标准及隐患排查

一、隐患标准

公司总部以及省、市公司级单位应分级分类建立隐患排查标准，明确隐患排查内容、排查方法和判定依据，指导从业人员准确判定、及时整改安全隐患。

隐患排查标准编制应依据安全生产法律法规和规章制度，结合公司反事故措施和安全事故（事件）暴露的典型问题，确保内容具体、依据准确、责任明确。

隐患排查标准编制应坚持“谁主管、谁编制”“分级编制、逐级审查”的原则，各级安委办负责制定隐患排查标准编制规范，各级专业部门负责本专业排查标准编制。

（1）公司总部组织编制重大隐患标准和较大隐患通用标准，并对下级单位较大隐患标准进行指导审查。

（2）省公司级单位补充完善较大隐患排查标准，组织编制一般隐患通用标准，并对下级单位一般隐患标准进行指导审查。

（3）地市公司级单位补充完善一般隐患排查标准，形成覆盖各专业、各等级的安全隐患排查标准。

各专业隐患排查标准编制完成后，由本单位安委办负责汇总、审查，经本单位安委会审议后，以正式文件发布。

各级专业部门应将隐患排查标准纳入安全培训计划，逐级开展培训，指导从业人员准确掌握隐患排查内容、排查方法，提高全员隐患排查发现能力。

隐患排查标准实行动态管理，各级单位应每年对隐患排查标准的针对性、有效性进行评估，结合安全生产法律法规、规章制度“立改废释”，以及安全事故（事件）暴露的问题滚动修订，每年3月底前更新发布。

二、隐患排查

各级单位应在每年6月底前，对照隐患排查标准，组织开展一次涵盖安全生产各领域、各专业、各环节的安全隐患全面排查。各级专业部门应加强本专业隐患排查工作指导，对于专业性较强、复杂程度较高的隐患，必要时组织专业技术人员或专家开展诊断分析。

针对排查发现的安全隐患，隐患所在工区、班组应依据隐患排查标准进行初步评估定级，利用公司安全隐患管理信息系统建立档案，形成本工区、班组安全隐患数据库，并汇总上报至相关专业部门。

各相关专业部门收到安全隐患报送信息后，应对照安全隐患排查标准，组织对本专业安全隐患进行专业审查，评估认定隐患等级，形成本专业安全隐患数据库。一般隐患由县公司级单位评估认定，较大隐患由市公司级单位评估认定，重大隐患由省公司级单位评估认定。

各级安委办对各专业安全隐患数据库进行汇总、复核，经本单位安委会审议后，报上级单位审查。

（1）市公司级单位安委会审议基层单位和本级排查发现的安全隐患，对一般隐患审议后反馈至隐患所在单位，对较大及以上隐患报省公司级单位审查。

（2）省公司级单位安委会审议地市公司级单位和本级排查发现的安全隐患，对较大隐患审议后反馈至隐患所在单位，对重大隐患报公司总部审查。

（3）公司总部安委会审议省公司级单位和本级排查发现的安全隐患，对重大隐患审议后反馈至隐患所在单位。

对于6月份全面排查周期结束后出现的隐患，各单位应结合日常巡视、季节性检查等，开展常态化排查。

对于国家、行业及地方政府部署开展的安全生产专项行动，各单位应在现行隐患排查标准的基础上，补充相关排查条款，开展针对性排查。

对于公司系统安全事故（事件）暴露的典型问题和家族性隐患，各单位应举一反三开展事故类比排查。

各单位应在上半年全面排查和逐级审查基础上，分层分级建立本单位安全隐患数据库，并结合日常排查、专项排查和事故类比排查滚动更新。

第三节　隐患治理及重大隐患管理

一、隐患治理

隐患一经确定，隐患所在单位应立即采取防止隐患发展的安全控制措施，并根据隐患具体情况和紧急程度，制定治理计划，明确治理单位、责任人和完成时限，限期完成治理，做到责任、措施、资金、期限和应急预案“五落实”。

各级专业部门负责组织制定本专业隐患治理方案或措施，重大隐患由省公司级单位制定治理方案，较大隐患由市公司级单位制定治理方案或治理措施，一般隐患由县公司级单位制定治理措施。

各级安委会应及时协调解决隐患治理有关事项，对需要多专业协同治理的明确治理责任、措施和资金，对于需要地方政府部门协调解决的应及时报告政府有关部门，对于超出本单位治理能力的应及时报送上级单位协调治理。

各级单位应将隐患治理所需项目、资金作为项目储备的重要依据，纳入综合计划和预算优先安排。公司总部及省、地市公司级单位应建立隐患治理绿色通道，对计划和预算外急需实施治理的隐患，及时调剂和保障所需资金和物资。

隐患所在单位应结合电网规划、电网建设、技改大修、检修运维、规章制度“立改废释”等及时开展隐患治理，各专业部门应加强专业指导和督导检查。

对于重大隐患治理完成前或治理过程中无法保证安全的，应从危险区域内撤出相关人员，设置警戒标志，暂时停工停产或停止使用相关设备设施，并及时向政府有关部门报告；治理完成并验收合格后，方可恢复生产和使用。

对于因自然灾害可能引发事故灾难的隐患，所属单位应当按照有关规定进行排查治理，采取可靠的预防措施，制定应急预案。在接到有关自然灾害预报时，应当及时发出预警通知；发生自然灾害可能危及人员安全的情况时，应当采取停止作业、撤离人员、加强监测等安全措施。

各级安委办应开展隐患治理挂牌督办，公司总部挂牌督办重大隐患，省公司级单位挂牌督办较大隐患，市公司级单位挂牌督办治理难度大、周期长的一般隐患。

隐患治理完成后，隐患治理单位在自验合格的基础上提出验收申请，相关专业部门应在申请提出后一周内完成验收，验收合格报本单位安委办予以销号，不合格重新组织治理。

（1）重大隐患治理结果由省公司级单位组织验收，结果向国网安委办和相关专业部门报告。

（2）较大隐患治理结果由地市公司级单位组织验收，结果向省公司安委办和相关专业部门报告。

（3）一般隐患治理结果由县公司级单位组织验收，结果向地市公司级安委办和相关专业部门报告。

（4）涉及国家、行业监管部门、地方政府挂牌督办的重大隐患，在治理工作结束后，应及时将有关情况报告相关政府部门。

各级安委办应组织相关专业部门定期向安委会汇报隐患治理情况，对于共性问题和突出隐患，深入分析隐患成因，从管理和技术上制定防范措施，从源头抑制隐患增量。

各级单位应运用安全隐患管理信息系统，实现隐患排查治理工作全过程记录和“一患一档”管理。重大隐患相关文件资料应及时向本单位档案管理部门移交归档。

隐患档案应包括隐患简题、隐患内容、隐患编号、隐患所在单位、专业分类、归属部门、评估定级、治理期限、资金落实、治理完成情况等信息。隐患排查治理过程中形成的会议纪要、正式文件、治理方案、应急预案、验收报告等应归入隐患档案。

各级单位应将隐患排查治理情况如实记录，并通过职工大会或者职工代表大会、信息公示栏等方式向从业人员通报。各级单位应在月度安全生产会议上通报本单位隐患排查治理情况，各班组应在安全日活动上通报本班组隐患排查治理情况。

各级单位应建立隐患季度分析、年度总结制度，各级专业部门应定期向本级安委办报送专业隐患排查治理工作，省公司级安委办每季度末月 20 日前向公司总部报送季度工作总结，次年 1 月 5 日前通过公文报送上年度工作总结。

各级安委办按规定向国家能源局及其派出机构、地方政府有关部门报告安全隐患统计信息和工作总结。各级单位应做好沟通协调，确保报送数据的准确性和一致性。

二、重大隐患管理

重大隐患应执行即时报告制度，各单位评估为重大隐患的，应于 2 个工作日内报总部相关专业部门及国网安委办，并向所在地区政府安全监管部门和电力安全监管机构报告。

重大隐患报告内容应包括：① 隐患的现状及其产生原因；② 隐患的危害程度和整改难易程度分析；③ 隐患治理方案。

重大隐患应制定治理方案，方案内容应包括：① 治理目标和任务；② 采取方法和措施；③ 经费和物资落实；④ 负责治理的机构和人员；⑤ 治理时限和要求；⑥ 防止隐患进一步发展的安全措施和应急预案等。

重大隐患治理应执行“两单一表”（签发督办单—制定管控表—上报反馈单）制度，实现闭环监管。

（1）签发安全督办单。国网安委办获知或直接发现所属单位存在重大隐患的，由安委办主任或副主任签发安全督办单，对省公司级单位整改工作进行全程督导。

（2）制定过程管控表。省公司级单位在接到督办单 10 日内，编制安全整改过程管控表，明确整改措施、责任单位（部门）和计划节点，由安委会主任签字、盖章后报国网安委办备案，国网安委办按照计划节点进行督导。

（3）上报整改反馈单。省公司级单位完成整改后 5 日内，填写安全整改反馈单，并附佐证材料，由安委会主任签字、盖章后报国网安委办备案。

各级单位重大隐患排查治理情况应及时向政府负有安全生产监督管理职责的部门和本单位职工大会或职工代表大会报告。

第四节 隐患排查治理案例

【案例一】220kV 某变电站主变压器 35kV 低压导线处无绝缘化措施，存在变压器低压侧出口短路安全隐患

1. 隐患排查（发现）

1 月 2 日，某公司发现 220kV 某变电站 1 号主变压器 35kV 户外穿墙套管与母线接线端处及导线未采取绝缘化措施，存在主变压器低压侧短路安全隐患。该 220kV 变电站于 1978 年投运，投运时主变压器 35kV 户外穿墙套管与母线接线端处及导线未采取绝缘化措施，在该 35kV 开关室主变压器穿墙套管等处，存在蛇、鸟类等小动物落到穿墙套管接线端的金属裸露部分及站内漂浮物搭接在裸露的导线处，导致该主变压器发生出口及近区短路，造成变压器内线圈绕组变形损坏的输变电设备事件。

该现象不符合 Q/GDW 11650—2016《站用 35kV 及以下导线和母线绝缘化技术规范》中第 4.1 条款：“母线和导线绝缘化范围为防止变压器出口短路和近区短路，变压器低压侧 35kV 及以下低压母线应考虑绝缘化，防止发生异物搭接引起的低压母线接地或相间短路故障”的规定内容。依据《国家电网有限公司安全事故调查规程（2021 年版）》（国家电网安监〔2020〕820 号）中第 4.3.6.2 条：“输变电设备损坏，有下列情形之一者：……（4）110kV（含 66kV）以上主变压器，±400kV 以下直流换流站的换流变压器、平波电抗器等本体故障损坏或绝缘击穿”所对应条款，可能导致六级设备事件；按照《国家电网有限公司安全隐患排查治理管理办法》（安监一〔2022〕5 号）第三章　分级分类规定：“六级设备事件构成较大隐患”。

2. 隐患评估

隐患所在单位预评估其为较大一般事故隐患，按规定较大隐患由市公司级单位评估认定，对较大及以上隐患报省公司级单位审查。3 天后报某公司运维检修部，某公司运维检修部在接报告后 1 周内完成专业评估、主管领导审定，最终评估并认定为较大事故隐患。较大隐患治理结果由地市公司级单位组织验收，结果向省公司安委办和相关专业部门报告。

3. 隐患治理

隐患所在单位根据某公司反馈意见，计划在当年内完成治理，并同步制定防控措施：

（1）及时将该隐患上报相关管理部门，同时告知相应变电运行、检修人员，同时做好该隐患的防范措施。

（2）加强运维人员的巡视工作，每周对变电站内及周围易造成漂浮物搭接的物件及时进行清除。

（3）要求运维人员对爬行动物可能进入该开关室的穿墙套管处行动途经处放置粘鼠板等措施，控制蛇类等爬行动物进入该区域。

（4）大风天气时应进行特巡，及时处理变电站内漂浮物，并检查 1 号主变压器 35kV 母线及穿墙套管引线风摆情况，以及有无搭接物。

（5）及时制定该隐患的整改计划及完成期限，结合停电进行该 35kV 母线及穿墙套管引线绝缘化措施，完成整改，消除隐患。

1 月 24 日，隐患所在单位对 1 号主变压器 35kV 户外穿墙套管与母线接线端处及导线完成绝缘化措施，治理完成后满足变电站变压器设备运行的技术（安全）规范要求，申请对该隐患治理完成情况进行验收。

4. 验收销号

在隐患所在单位完成治理后，1 月 25 日，经某供电公司运维检修部对 220kV

某变电站 1 号主变压器 35kV 户外穿墙套管与母线接线端处及导线未采取绝缘化措施的隐患（××号隐患）进行现场验收，治理方案各项措施已按要求实施，治理完成情况属实，满足安全（生产）运行要求，该隐患已消除。

【案例二】220kV 某变电站 2 号主变压器 220kV 避雷器压力释放通道朝向巡视通道，存在避雷器泄压时伤及运行人员的安全隐患

1. 隐患排查（发现）

5 月 2 日，某公司发现 220kV 某变电站 2 号主变压器 220kV 避雷器压力释放通道朝向巡视通道的现象，存在避雷器泄压时伤及运行人员的安全隐患。该 220kV 变电站 2 号主变压器及 220kV 避雷器设备于 2003 年投运，投运时该避雷器压力释放通道即朝向巡视通道，存在运行人员在日常设备巡视至该避雷器时，且同时该避雷器在系统过电压作用（或避雷器出现故障等）情况下，发生避雷器通过压力释放通道朝向巡视通道泄压，导致在巡视通道上的巡视人员受到避雷器泄压伤害的人身事件发生。

该装置不符合《国家电网公司　变电验收通用管理规定　第 8 分册　避雷器验收细则》（2017 版）中“A.5　避雷器竣工（预）验收标准卡”中“压力释放通道”规定：“无缺失，安装方向正确，不能朝向设备、巡视通道”。依据《国家电网有限公司安全事故调查规程（2021 年版）》（国家电网安监〔2020〕820 号）中第 4.1.2.8 条款规定：“无人员死亡和重伤，但造成 1～2 人轻伤者”所对应条款，可能导致人身伤害事件。按照《国家电网有限公司安全隐患排查治理管理办法》（安监一〔2022〕5 号）第三章　分级分类规定：“人身伤害构成一般隐患”。

2. 隐患评估

隐患所在单位预评估其为一般事故隐患，并在 3 天后报某公司运维检修部，某公司运维检修部在接报告后 1 周内完成专业评估、主管领导审定，最终评估并认定为一般事故隐患，并在确定后 1 周内反馈意见。

3. 隐患治理

隐患所在单位根据某公司反馈意见，计划在当年内完成治理，并同步制定以下防控措施：

（1）及时将该隐患上报相关管理部门，同时告知相应变电运行、检修人员，同时做好该隐患的防范措施。

（2）在该避雷器周围设临时安全围栏，并设置安全标示牌，确保人员不能直接接近泄压通道口。

（3）运行人员在进行该设备巡视时，应远离该避雷器压力释放通道正前方；必要时，应使用望远镜等设备进行巡视。

（4）在倒闸操作和雷雨季节等易发生过电压的时段内，绝对禁止通过巡视通道近距离对该避雷器进行巡视。

（5）及时制定该隐患治理计划，明确完成期限，同时联系相关管理部门人员，及时安排停电，将该避雷器压力释放通道避开巡视通道，完成整改消除隐患。

5 月 11 日，隐患所在单位对某变电站 2 号主变压器 220kV 避雷器压力释放通道朝向进行调整，治理完成后满足变电站设备运行设备与巡视人员的技术（安全）规范要求。申请对该隐患治理完成情况进行验收。

4. 验收销号

在隐患所在单位完成治理后，5 月 12 日，经某供电公司运维检修部对某变电站 2 号主变压器 220kV 避雷器压力释放通道朝向巡视通道隐患（××号隐患）进行现场验收，治理方案各项措施已按要求实施，治理完成情况属实，满足安全（生产）运行要求，该隐患已消除。

第五章

生产现场的安全设施

安全设施是指在生产现场经营活动中将危险因素、有害因素控制在安全范围内，以及为预防、减少、消除危害所设置的安全标志、设备标志、安全警示线、安全防护设施等的统称。变电站内生产活动所涉及的场所、设备（设施）、检修施工等特定区域以及其他有必要提醒人们注意危险有害因素的地点，应配置标准化的安全设施。

安全设施的配置要求如下：

（1）安全设施应清晰醒目、规范统一、安装可靠、便于维护，适应使用环境要求。

（2）安全设施所用的颜色应符合 GB 2893《安全色》的规定。

（3）变电设备（设施）本体或附近醒目位置应装设设备标志牌，涂刷相色标志或装设相位标志牌。

（4）变电站设备区与其他功能区、运行设备区与改（扩）建施工区之间应装设区域隔离遮栏。不同电压等级设备区宜装设区域隔离遮栏。

（5）生产场所安装的固定遮栏应牢固，工作人员出入的门等活动部分应加锁。

（6）变电站入口应设置减速线，变电站内适当位置应设置限高、限速标志。设置的标志应易于观察。

（7）变电站内地面应标注设备巡视路线和通道边缘警戒线。

（8）安全设施设置后，不应构成对人身伤害、设备安全的潜在风险或妨碍正常工作。

第一节　安　全　标　志

安全标志是指用来表达特定安全信息的标志，由图形符号、安全色、几何形状（边框）和文字构成。安全标志分禁止标志、警告标志、指令标志、提示标志四大基本类型和消防安全标志等特定类型。

一、一般规定

（1）变电站设置的安全标志包括禁止标志、警告标志、指令标志、提示标志四种基本类型和消防安全标志、道路交通标志等特定类型。

（2）安全标志一般使用相应的通用图形标志和文字辅助标志的组合标志。

（3）安全标志一般采用标志牌的形式，宜使用衬边，以使安全标志与周围环境之间形成较为强烈的对比。

（4）安全标志所用的颜色、图形符号、几何形状、文字，标志牌的材质、表面质量、衬边及型号选用、设置高度、使用要求应符合 GB 2894《安全标志及其使用导则》的规定。

（5）安全标志牌应设在与安全有关场所的醒目位置，便于进入变电站的人员看到，并有足够的时间来注意它所表达的内容。环境信息标志宜设在有关场所的入口处和醒目处；局部环境信息应设在所涉及的相应危险地点或设备（部件）的醒目处。

（6）安全标志牌不宜设在可移动的物体上，以免标志牌随母体物体相应移动，影响认读。标志牌前不得放置妨碍认读的障碍物。

（7）多个标志在一起设置时，应按照警告、禁止、指令、提示类型的顺序，先左后右、先上后下地排列，且应避免出现相互矛盾、重复的现象。也可以根据实际，使用多重标志。

（8）安全标志牌应定期检查，如发现破损、变形、褪色等不符合要求时，应及时修整或更换。修整或更换时，应有临时的标志替换，以避免发生意外伤害。

（9）变电站入口处，应根据站内通道、设备、电压等级等具体情况，在醒目位置按配置规范设置相应的安全标志牌，如“当心触电”“未经许可不得入内”“禁止吸烟”“必须戴安全帽”等，并应设立限速标识（装置）。

（10）设备区入口处，应根据通道、设备、电压等级等具体情况，在醒目位置按配置规范设置相应的安全标志牌，如“当心触电”“未经许可不得入内”“禁止吸烟”“必须戴安全帽”及安全距离等，并应设立限速、限高标识（装置）。

（11）各设备间入口处，应根据内部设备、电压等级等具体情况，在醒目位置按配置规范设置相应的安全标志牌。如主控制室、继电器室、通信室、自动装置室应配置“未经许可不得入内”“禁止烟火”；继电器室、自动装置室应配置“禁止使用无线通信”；高压配电装置室应配置“未经许可不得入内”“禁止烟火”；GIS 组合电器室、SF_6 设备室、电缆夹层应配置“禁止烟火”“注意通风”“必须戴安全帽”等。

二、禁止标志及设置规范

禁止标志是指禁止或制止人们不安全行为的图形标志。常用禁止标志名称、图形标志示例及设置规范见表 5–1。

表 5–1　　常用禁止标志名称、图形标志示例及设置规范

序号	名称	图形标志示例	设置范围和地点
1	禁止吸烟	禁止吸烟	设备区入口、主控制室、继电器室、通信室、自动装置室、变压器室、配电装置室、电缆夹层、隧道入口、危险品存放点等处
2	禁止烟火	禁止烟火	主控制室、继电器室、蓄电池室、通信室、自动装置室、变压器室、配电装置室、检修、试验工作场所、电缆夹层、隧道入口、危险品存放点等处
3	禁止用水灭火	禁止用水灭火	变压器室、配电装置室、继电器室、通信室、自动装置室等处（有隔离油源设施的室内油浸设备除外）
4	禁止跨越	禁止跨越	不允许跨越的深坑（沟）等危险场所、安全遮栏等处

续表

序号	名称	图形标志示例	设置范围和地点
5	禁止停留	禁止停留	对人员有直接危害的场所，如高处作业现场、吊装作业现场等处
6	未经许可　不得入内	未经许可 不得入内	易造成事故或对人员有伤害的场所的入口处，如高压设备室入口、消防泵室、雨淋阀室等处
7	禁止堆放	禁止堆放	消防器材存放处、消防通道、逃生通道及变电站主通道、安全通道等处
8	禁止使用无线通信	禁止使用无线通信	继电器室、自动装置室等处
9	禁止合闸　有人工作	禁止合闸 有人工作	一经合闸即可送电到施工设备的断路器和隔离开关操作把手上等处
10	禁止合闸　线路有人工作	禁止合闸 线路有人工作	线路断路器和隔离开关把手上
11	禁止分闸	禁止分闸	接地开关与检修设备之间的断路器操作把手上

续表

序号	名称	图形标志示例	设置范围和地点
12	禁止攀登　高压危险	禁止攀登　高压危险	高压配电装置构架的爬梯上，变压器、电抗器等设备的爬梯上

三、警告标志及设置规范

警告标志是指提醒人们对周围环境引起注意，以避免可能发生危险的图形标志。常用警告标志名称、图形标志示例及设置规范见表 5-2。

表 5-2　　常用警告标志、图形标志示例及设置规范

序号	名称	图形标志示例	设置范围和地点
1	注意安全	注意安全	易造成人员伤害的场所及设备等处
2	注意通风	注意通风	SF_6 装置室、蓄电池室、电缆夹层、电缆隧道入口等处
3	当心火灾	当心火灾	易发生火灾的危险场所，如电气检修试验、焊接及有易燃易爆物质的场所
4	当心爆炸	当心爆炸	易发生爆炸危险的场所，如易燃易爆物质的使用或受压容器等地点

续表

序号	名称	图形标志示例	设置范围和地点
5	当心中毒	当心中毒	装有 SF_6 断路器、GIS 组合电器的配电装置室入口，生产、储运、使用剧毒品及有毒物质的场所
6	当心触电	当心触电	有可能发生触电危险的电气设备和线路，如配电装置室、断路器等处
7	当心电缆	当心电缆	暴露的电缆或地面下有电缆处施工的地点
8	当心扎脚	当心扎脚	易造成脚部伤害的作业地点，如施工工地及有尖角散料等处
9	当心吊物	当心吊物	有吊装设备作业的场所，如施工工地等处
10	当心坠落	当心坠落	易发生坠落事故的作业地点，如脚手架、高处平台、地面的深沟（池、槽）等处
11	当心落物	当心落物	易发生落物危险的地点，如高处作业、立体交叉作业的下方等处

续表

序号	名称	图形标志示例	设置范围和地点
12	当心腐蚀	当心腐蚀	蓄电池室内墙壁等处
13	止步　高压危险	止步 高压危险	带电设备固定遮栏上，室外带电设备构架上，高压试验地点安全围栏上，因高压危险禁止通行的过道上，工作地点邻近室外带电设备的安全围栏上，工作地点邻近带电设备的横梁上等处

四、指令标志及设置规范

指令标志是指强制人们必须做出某种动作或采用防范措施的图形标志。常用指令标志名称、图形标志示例及设置规范见表 5-3。

表 5-3　　常用指令标志名称、图形标志示例及设置规范

序号	名称	图形标志示例	设置范围和地点
1	必须戴防毒面具	必须戴防毒面具	具有对人体有害的气体、气溶胶、烟尘等作业场所，如有毒物散发的地点或处理有毒物造成的事故现场等处
2	必须戴安全帽	必须戴安全帽	生产现场（办公室、主控制室、值班室和检修班组室除外）佩戴
3	必须戴防护手套	必须戴防护手套	易伤害手部的作业场所，如具有腐蚀、污染、灼烫、冰冻及触电危险的作业等处

续表

序号	名称	图形标志示例	设置范围和地点
4	必须穿防护鞋	必须穿防护鞋	易伤害脚部的作业场所，如具有腐蚀、灼烫、触电、砸（刺）伤等危险的作业地点
5	必须系安全带	必须系安全带	易发生坠落危险的作业场所，如高处建筑、检修、安装等处

五、提示标志及设置规范

提示标志是指向人们提供某种信息（如标明安全设施或场所等）的图形标志。常用提示标志名称、图形标志示例及设置规范见表5-4。

表5-4　常用提示标志名称、图形标志示例及设置规范

序号	名称	图形标志示例	设置范围和地点
1	在此工作	在此工作	工作地点或检修设备上
2	从此上下	从此上下	工作人员可以上下的铁（构）架、爬梯上
3	从此进出	从此进出	工作地点遮栏的出入口处
4	紧急洗眼水		悬挂在从事酸、碱工作的蓄电池室、化验室等洗眼水喷头旁
5	安全距离	220kV 设备不停电时的 安全距离	根据不同电压等级标示出人体与带电体最小安全距离；设置在设备区入口处

六、消防安全标志及设置规范

消防安全标志是指用来表达与消防有关的安全信息，由安全色、边框、以图像为主要特征的图形符号或文字构成的标志。

在变电站的主控制室、继电器室、通信室、自动装置室、变压器室、配电装置室、电缆隧道等重点防火部位入口处以及储存易燃易爆物品仓库门口处应合理配置灭火器等消防器材，在火灾易发生部位设置火灾探测和自动报警装置。

各生产场所应有逃生路线的标示，楼梯主要通道门上方或左（右）侧装设紧急撤离提示标志。

常用消防安全标志名称、图形标志示例及设置规范见表 5–5。

表 5–5　　常用消防安全标志名称、图形标志示例及设置规范

序号	名称	图形标志示例	设置范围和地点
1	消防手动启动器		依据现场环境，设置在适宜、醒目的位置
2	火警电话	119	依据现场环境，设置在适宜、醒目的位置
3	消火栓箱	消火栓 火警电话：119 厂内电话：*** A001	设置在生产场所构筑物内的消火栓处
4	地上消火栓	地上消火栓 编号：***	固定在距离消火栓 1m 的范围内，不得影响消火栓的使用

续表

序号	名称	图形标志示例	设置范围和地点
5	地下消火栓	地下消火栓 编号：***	固定在距离消火栓 1m 的范围内，不得影响消火栓的使用
6	灭火器	灭火器 编号：***	悬挂在灭火器、灭火器箱的上方或存放灭火器、灭火器箱的通道上；泡沫灭火器器身上应标注“不适用于电火”字样
7	消防水带		指示消防水带、软管卷盘或消防栓箱的位置
8	灭火设备或报警装置的方向		指示灭火设备或报警装置的方向
9	疏散通道方向		指示到紧急出口的方向，用于电缆隧道指向最近出口处
10	紧急出口	紧急出口 紧急出口	便于安全疏散的紧急出口处，与方向箭头结合设在通向紧急出口的通道、楼梯口等处
11	消防水池	1号消防水池	装设在消防水池附近醒目位置，并应编号
12	消防沙池（箱）	1号消防沙池	装设在消防沙池（箱）附近醒目位置，并应编号

续表

序号	名称	图形标志示例	设置范围和地点
13	防火墙	1号防火墙	在变电站的电缆沟（槽）进入主控制室、继电器室处和分接处、电缆沟每间隔约 60m 处应设防火墙，将盖板涂成红色，标明“防火墙”字样，并应编号

七、道路交通标志及设置规范

道路交通标志是用以管制及引导交通的一种安全管理设施，用文字和符号传递引导、限制、警告或指示信息的道路设施。

限制高度标志表示禁止装载高度超过标志所示数值的车辆通行。

限制速度标志表示该标志至前方解除限制速度标志的路段内，机动车行驶速度（单位为 km/h）不准超过标志所示数值。

变电站道路交通标志、图形标志示例及设置规范见表 5-6。

表 5-6　　变电站道路交通标志、图形标志示例及设置规范

序号	名称	图形标志示例	设置范围和地点
1	限制高度标志	3.5m	变电站入口处、不同电压等级设备区入口处等最大容许高度受限制的地方
2	限制速度标志	5	变电站入口处、变电站主干道及转角处等需要限制车辆速度的路段起点

第二节　设 备 标 志

设备标志是指用来标明设备名称、编号等特定信息的标志，由文字和（或）图形构成。设备标志由设备名称和设备编号组成。设备标志应定义清晰，具有唯一性。功能、用途完全相同的设备，其设备名称应统一。

一般规定：

（1）设备标志牌应配置在设备本体或附件醒目位置。

（2）两台及以上集中排列安装的电气盘，应在每台盘上分别配置各自的设备标志牌；两台及以上集中排列安装的前后开门电气盘，其前、后均应配置设备标志牌，且同一盘柜前、后设备标志牌一致。

（3）GIS 设备的隔离开关和接地开关标志牌根据现场实际情况装设，母线的标志牌按照实际相序位置排列，安装于母线筒端部；隔室标志安装于靠近本隔室取气阀门旁醒目位置，各隔室之间通气隔板周围涂红色，非通气隔板周围涂绿色，宽度根据现场实际确定。

（4）电缆两端应悬挂标明电缆编号名称、起点、终点、型号的标志牌，电力电缆还应标注电压等级、长度。

（5）各设备间及其他功能室入口处醒目位置均应配置房间标志牌，标明其功能及编号，室内醒目位置应设置逃生路线图、定置图（表）。

（6）电气设备标志文字内容应与调度机构下达的编号相符，其他电气设备的标志内容可参照调度编号及设计名称。一次设备为分相设备时应逐相标注，直流设备应逐级标注。

设备标志名称、图形标志示例及设置规范见表 5-7。

表 5-7　　设备标志名称、图形标志示例及设置规范

序号	名称	图形标志示例	设置范围和地点
1	变压器（电抗器）标志牌	1号主变压器 1号主变压器 A相	（1）安装固定于变压器（电抗器）器身中部，面向主巡视检查路线，并标明名称、编号。 （2）单相变压器每相均应安装标志牌，并标明名称、编号及相别。 （3）线路电抗器每相应安装标志牌，并标明线路电压等级、名称及相别
2	主变压器（线路）穿墙套管标志牌	1号主变压器 10kV穿墙套管 A B C 1号主变压器 10kV穿墙套管 B	（1）安装于主变压器（线路）穿墙套管内、外墙处。 （2）标明主变压器（线路）编号、电压等级、名称，分相布置的还应标明相别
3	滤波器组、电容器组标志牌	3601ACF 交流滤波器	（1）在滤波器组（包括交、直流滤波期，PLC 噪声滤波器、RI 噪声滤波器）、电容器组的围栏门上分别装设，安装于离地面 1.5m 处，面向主巡视检查路线。 （2）标明设备名称、编号

续表

序号	名称	图形标志示例	设置范围和地点
4	阀厅内直流设备标志牌	020FQ 换流阀 A相 02DCTA 电流互感器	（1）在阀厅顶部巡视走道遮栏上固定，正对设备，面向走道，安装于离地面1.5m处。 （2）标明设备名称、编号
5	滤波器、电容器组围栏内设备标志牌	C1 电容器 R1 电阻器 L1 电抗器	（1）安装固定于设备本体上醒目处，本体上无位置安装时考虑落地固定，面向围栏正门。 （2）标明设备名称、编号
6	断路器标志牌	500kV ××线 5031 断路器 500kV ××线 5031 断路器 A相	（1）安装固定于断路器操动机构箱上方醒目处。 （2）分相布置的断路器标志牌安装在每相操动机构箱上方醒目处，并标明相别。 （3）标明设备电压等级、名称、编号
7	隔离开关标志牌	500kV ××线 50314 隔离开关 500kV × × 线 50314	（1）手动操作型隔离开关安装于隔离开关操动机构上方100mm处。 （2）电动操作型隔离开关安装于操动机构箱门上醒目处。 （3）标志牌应面向操作人员。 （4）标明设备电压等级、名称、编号
8	电流互感器、电压互感器、避雷器、耦合电容器等标志牌	500kV ××线 电流互感器 A相 220kV Ⅱ段母线 1号避雷器 A相	（1）安装在单支架上的设备，标志牌还应标明相别，安装于离地面1.5m处，面向主巡视检查路线。 （2）三相共支架设备，安装于支架横梁醒目处，面向主巡视检查线路。 （3）落地安装加独立遮栏的设备（如避雷器、电抗器、电容器、站用变压器、专用变压器等），标志牌安装在设备围栏中部，面向主巡视检查线路。 （4）标明设备电压等级、名称、编号及相别

续表

序号	名称	图形标志示例	设置范围和地点
9	换流站特殊辅助设备标志牌	LTT 换流阀 空气冷却器 1号屋顶式 组合空调机组	（1）安装在设备本体上醒目处，面向主巡视检查线路。 （2）标明设备名称、编号
10	控制箱、端子箱标志牌	500kV ××线 5031 断路器端子箱	（1）安装在设备本体上醒目处，面向主巡视检查线路。 （2）标明设备名称、编号
11	接地刀闸标志牌	500kV ××线 503147 接地刀闸 A相 500kV × × 线 503147	（1）安装于接地刀闸操动机构上方 100mm 处。 （2）标志牌应面向操作人员。 （3）标明设备电压等级、名称、编号、相别
12	控制、保护、直流、通信等盘柜标志牌	220kV ××线光纤纵差保护屏	（1）安装于盘柜前后顶部门楣处。 （2）标明设备电压等级、名称、编号
13	室外线路出线间隔标志牌	220kV ××线 A B C	（1）安装于线路出线间隔龙门架下方或相对应围墙墙壁上。 （2）标明电压等级、名称、编号、相别
14	敞开式母线标志牌	220kV Ⅰ段母线 A B C 220kV Ⅰ段母线 A	（1）室外敞开式布置母线，母线标志牌安装于母线两端头正下方支架上，背向母线。 （2）室内敞开式布置母线，母线标志牌安装于母线端部对应墙壁上。 （3）标明电压等级、名称、编号、相序
15	封闭式母线标志牌	220kV Ⅰ段母线 A B C 10kV Ⅱ段母线 A B C	（1）GIS 设备封闭母线，母线标志牌按照实际相序排列位置，安装于母线筒端部。 （2）高压开关柜母线标志牌安装于开关柜端部对应母线位置的柜壁上。 （3）标明电压等级、名称、编号、相序

续表

序号	名称	图形标志示例	设置范围和地点
16	室内出线穿墙套管标志牌	10kV ××线 A B C	（1）安装于出线穿墙套管内、外墙处。 （2）标明出线线路电压等级、名称、编号、相序
17	熔断器、交（直）流开关标志牌	回路名称： 型　号： 熔断电流：	（1）悬挂在二次屏中的熔断器、交（直）流开关处。 （2）标明回路名称、型号、额定电流
18	避雷针标志牌	1号避雷针	（1）安装于避雷针距地面1.5m处。 （2）标明设备名称、编号
19	明敷接地体	100mm	全部设备的接地装置（外露部分）应涂宽度相等的黄绿相间条纹，间距以100～150mm为宜
20	地线接地端（临时接地线）	接地端	固定于设备压接型地线的接地端
21	低压电源箱标志牌	220kV 设备区 电源箱	（1）安装于各类低压电源箱上的醒目位置。 （2）标明设备名称及用途

第三节　安全警示线和安全防护设施

安全防护设施是指防止外因引发的人身伤害、设备损坏而配置的防护装置和用具。

一、安全警示线

一般规定：

（1）安全警示线用于界定和分割危险区域，向人们传递某种注意或警告的信息，以避免人身伤害。安全警示线包括禁止阻塞线、减速提示线、安全警戒线、防止踏空线、防止碰头线、防止绊跤线和生产通道边缘警戒线等。

（2）安全警示线一般采用黄色或与对比色（黑色）同时使用。

安全警示线、图形标志示例及设置规范见表5-8。

表5-8　　安全警示线、图形标志示例及设置规范

序号	名称	图形标志示例	设置范围和地点
1	禁止阻塞线		（1）标注在地下设施入口盖板上。 （2）标注在主控制室、继电器室门内外，消防器材存放处，防火重点部位进出通道。 （3）标注在通道旁边的配电柜前（800mm）。 （4）标注在其他禁止阻塞的物体前
2	减速提示线		标注在变电站站内道路的弯道、交叉路口和变电站进站入口等限速区域的入口处
3	安全警戒线	设备屏 设备屏 设备屏 设备屏	（1）设置在控制屏（台）、保护屏、配电屏和高压开关柜等设备周围。 （2）安全警戒线至屏面的距离宜为300～800mm，可根据实际情况进行调整
4	防止碰头线		标注在人行通道高度小于1.8m的障碍物上
5	防止绊跤线		（1）标注在人行横道地面上高差300mm以上的管线或其他障碍物上。 （2）采用45°间隔斜线（黄/黑）排列进行标注
6	防止踏空线		（1）标注在上下楼梯第一级台阶上。 （2）标注在人行通道高差300mm以上的边缘处

续表

序号	名称	图形标志示例	设置范围和地点
7	生产通道边缘警戒线	设备区 生产通道 设备区	（1）标注在生产通道两侧。 （2）为保证夜间可见性，宜采用道路反光漆或强力荧光油漆进行涂刷
8	设备区巡视路线	巡视路线	标注在变电站室内外设备区道路或电缆沟盖板上

二、安全防护设施

安全防护设施是指防止外因引发的人身伤害、设备损坏而配置的防护装置和用具。

一般规定：

（1）安全防护设施用于防止外因引发的人身伤害，包括安全帽、安全工器具柜、安全工器具试验合格证标志牌、固定防护遮栏、区域隔离遮栏、临时遮栏（围栏）、红布幔、孔洞盖板、爬梯遮栏门、防小动物挡板、防误闭锁解锁钥匙箱等设施和用具。

（2）工作人员进入生产现场，应根据作业环境中所存在的危险因素，穿戴或使用必要的防护用品。

安全防护设施、图形标志示例及配置规范见表 5–9。

表 5–9　　安全防护设施、图形标志示例及配置规范

序号	名称	图形标志示例	配置规范
1	安全帽		（1）安全帽用于作业人员头部防护。任何人进入生产现场（办公室、主控制室、值班室和检修班组室除外），应正确佩戴安全帽。 （2）安全帽应符合 GB 2811《安全帽》的规定。

续表

序号	名称	图形标志示例	配置规范
1	安全帽	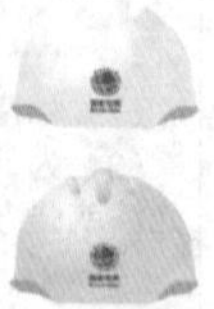 正面 背面	（3）安全帽前面有国家电网公司标志，后面为单位名称及编号，并按编号定置存放。 （4）安全帽实行分色管理。红色安全帽为管理人员使用，黄色安全帽为运维人员使用，蓝色安全帽为检修（施工、试验等）人员使用，白色安全帽为外来参观人员使用
2	安全工器具柜（室）	 	（1）变电站应配备足量的专用安全工器具柜。 （2）安全工器具柜应满足国家、行业标准及产品说明书关于保管和存放的要求。 （3）安全工器具室（柜）宜具有温度、湿度监控功能，满足温度为－15～＋35℃、相对湿度为80%以下，保持干燥通风的基本要求
3	安全工器具试验合格证标志牌	安全工器具试验合格证 名称________编号 试验日期______年___月___日 下次试验日期______年___月___日	（1）安全工器具试验合格证标志牌贴在经试验合格的安全工器具醒目处。 （2）安全工器具试验合格证标志牌可采用粘贴力强的不干胶制作，规格为60mm×40mm
4	接地线标志牌及接地线存放地点标志牌	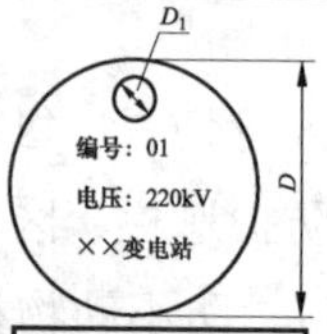 D_1 编号：01 电压：220kV ××变电站 D 01 号接地线	（1）接地线标志牌固定在接地线接地端线夹上。 （2）接地线标志牌应采用不锈钢板或其他金属材料制成，厚度1.0mm。 （3）接地线标志牌尺寸为D=30～50mm，D_1=2.0～3.0mm。 （4）接地线存放地点标志牌应固定在接地线存放醒目位置
5	固定防护遮栏	 	（1）固定防护遮栏适用于落地安装的高压设备周围及生产现场平台、人行通道、升降口、大小坑洞、楼梯等有坠落危险的场所。 （2）用于设备周围的遮栏高度不低于1700mm，设置供工作人员出入的门并上锁；防坠落遮栏高度不低于1050mm，并装设不低于100mm的护板。 （3）固定遮栏上应悬挂安全标志，位置根据实际情况而定。 （4）固定遮栏及防护栏杆、斜梯应符合规定，其强度和间隙满足防护要求。 （5）检修期间需将栏杆拆除时，应装设临时遮栏，并在检修工作结束后将栏杆立即恢复

续表

序号	名称	图形标志示例	配置规范
6	区域隔离遮栏	止步，高压危险！ 国家电网 State Grid 挂钩	（1）区域隔离遮栏适用于设备区与生活区的隔离、设备区间的隔离、改（扩）建施工现场与运行区域的隔离，也可装设在人员活动密集场所周围。 （2）区域隔离遮栏应采用不锈钢或塑钢等材料制作，高度不低于1050mm，其强度和间隙满足防护要求
7	临时遮栏（围栏）	国家电网 State Grid	（1）临时遮栏（围栏）适用于下列场所： 1）有可能高处落物的场所； 2）检修、试验工作现场与运行设备的隔离； 3）检修、试验工作现场规范工作人员活动范围； 4）检修现场安全通道； 5）检修现场临时起吊场地； 6）防止其他人员靠近的高压试验场所； 7）安全通道或沿平台等边缘部位，因检修拆除常设栏杆的场所； 8）事故现场保护； 9）需临时打开的平台、地沟、孔洞盖板周围等。 （2）临时遮栏（围栏）应采用满足安全、防护要求的材料制作。有绝缘要求的临时遮栏应采用干燥木材、橡胶或其他坚韧绝缘材料制成。 （3）临时遮栏（围栏）高度为1050～1200mm，防坠落遮栏应在下部装设不低于180mm高的挡脚板。 （4）临时遮栏（围栏）强度和间隙应满足防护要求，装设应牢固可靠。 （5）临时遮栏（围栏）应悬挂安全标志，位置根据实际情况而定
8	红布幔	运行设备　运行设备	（1）红布幔适用于变电站二次系统上进行工作时，将检修设备与运行设备前后以明显的标志隔开。 （2）红布幔尺寸一般为2400mm×800mm、1200mm×800mm、650mm×120mm，也可根据现场实际情况制作。 （3）红布幔上印有运行设备字样，白色黑体字，布幔上下或左右两端设有绝缘隔离的磁铁或挂钩

续表

序号	名称	图形标志示例	配置规范
9	孔洞盖板	覆盖式 镶嵌式	（1）适用于生产现场需打开的孔洞。 （2）孔洞盖板均应为防滑板，且应覆以与地面齐平的坚固的有限位的盖板。盖板边缘应大于孔洞边缘100mm，限位块与孔洞边缘距离不得大于25～30mm，网络板孔眼不应大于50mm×50mm。 （3）在检修工作中如需将盖板取下，应设临时围栏。临时打开的孔洞，施工结束后应立即恢复原状；夜间不能恢复的，应加装警示红灯。 （4）孔洞盖板可制成与现场孔洞互相配合的矩形、正方形、圆形等形状，选用镶嵌式、覆盖式，并在其表面涂刷45°黄黑相间的等宽条纹，宽度宜为50～100mm。 （5）盖板拉手可做成活动式，便于钩起
10	爬梯遮栏门	禁止攀登 高压危险 编号	（1）应在禁止攀登的设备、构架爬梯上安装爬梯遮栏门，并予编号。 （2）爬梯遮栏门为整体不锈钢或铝合金板门，其高度应大于工作人员的跨步长度，宜设置为800mm左右，宽度应与爬梯保持一致。 （3）在爬梯遮栏门正门应装设“禁止攀登　高压危险”的标志牌
11	防小动物挡板		（1）在各配电装置室、电缆室、通信室、蓄电池室、主控制室和继电器室等出入口处，应装设防小动物挡板，以防止因小动物导致短路故障引发的电气事故。 （2）防小动物挡板宜采用不锈钢、铝合金等不易生锈、变形的材料制作，高度应不低于400mm，其上部应设有45°黑黄相间色斜条防止绊跤线标志，标志线宽宜为50～100mm
12	防误闭锁解锁钥匙箱	解锁钥匙箱	（1）防误闭锁解锁钥匙箱是将解锁钥匙存放其中并加封，根据规定执行手续后使用。

续表

序号	名称	图形标志示例	配置规范
12	防误闭锁解锁钥匙箱		（2）防误闭锁解锁钥匙箱为木质或其他材料制作，前面部为玻璃面，在紧急情况下可将玻璃破碎，取出解锁钥匙使用。 （3）防误闭锁解锁钥匙箱存放在变电站主控制室
13	防毒面具和正压式消防空气呼吸器	过滤式防毒面具 正压式消防空气呼吸器	（1）变电站应按规定配备防毒面具和正压式消防空气呼吸器。 （2）过滤式防毒面具是在有氧环境中使用的呼吸器。 （3）过滤式防毒面具应符合 GB 2890《呼吸防护自吸过滤式防毒面具》的规定。使用时，空气中氧气浓度不低于 18%，温度为 −30～+45℃，且不能用于槽、罐等密闭容器环境。 （4）过滤式防毒面具的过滤剂有一定的使用时间，一般为 30～100min。过滤剂失去过滤作用（面具内有特殊气味）时，应及时更换。 （5）过滤式防毒面具应存放在干燥、通风，无酸、碱、溶剂等物质的库房内，严禁重压。防毒面具的滤毒罐（盒）的贮存期为 5 年（3 年），过期产品应经检验合格后方可使用。 （6）正压式消防空气呼吸器是用于无氧环境中的呼吸器。 （7）正压式消防空气呼吸器应符合 GA 124《正压式消防空气呼吸器》的规定。 （8）正压式消防空气呼吸器在贮存时应装入包装箱内，避免长时间曝晒，不能与油、酸、碱或其他有害物质共同贮存，严禁重压

第六章

典型违章举例与事故案例分析

第一节　典型违章举例

违章是指在生产经营活动过程中，违反国家和行业安全生产法律法规、规程标准，违反公司安全生产规章制度、反事故措施、安全管理要求等，可能对人身、电网、设备和网络信息安全等构成危害并容易诱发事故（事件）的管理的不安全作为、人的不安全行为、物的不安全状态和环境的不安全因素。

一、违章界定

（一）违章分类

违章按照定义分为管理性违章、行为性违章和装置性违章三类；按照违章性质、情节及可能造成的后果，分为严重违章和一般违章。

（1）管理性违章是指各级领导、管理人员不履行岗位安全职责，不落实安全管理要求，不健全安全规章制度，不开展安全教育培训，不执行安全规章制度等的不安全作为。

（2）行为性违章是指现场作业人员在电力建设、运维检修和营销服务等生产经营活动过程中，违反保证安全的规程、规定、制度和反事故措施等的不安全行为。

（3）装置性违章是指生产设备、设施、环境和作业使用的工器具及安全防护用品不满足规程、规定、标准、反事故措施等要求，不能可靠保证安全的状态和因素。

（4）严重违章主要指易造成领导失察、责任悬空、风险失控以及酿成安全事故的管理、行为及装置类等违章，并按照严重程度由高至低分为Ⅰ类严重违章、Ⅱ类严重违章和Ⅲ类严重违章。总部每年结合安全工作实际对严重违章清单实施动态调整发布。

（5）一般违章是指达不到严重违章标准且违反安全工作规程规定的其他违章情形。

（二）违章责任单位和人员的划分

（1）责任单位是指发生行为、管理、装置性违章的单位或直接管理单位，包含设备运维管理单位、施工作业单位（专业分包单位、劳务分包单位）以及相关管理单位（监理单位、业主单位）等。

（2）直接责任人是指直接实施作业、管理违章行为的现场人员；或在其职责范围内不履行或者不正确履行工作要求，直接导致装置性、行为违章发生的人员。

（3）连带责任人是指在职责范围内，因安全管理的失职或履责不到位等，导致所管理的现场、人员、设备、装置等发生违章问题的管理人员。

二、国家电网公司安全生产典型严重违章

严重违章分为三类，按照严重程度由高至低分别为Ⅰ类、Ⅱ类、Ⅲ类严重违章。

（一）Ⅰ类严重违章

Ⅰ类严重违章主要包括违反新《安全生产法》《刑法》、“十不干”等要求的管理和行为违章，具体包括：

（1）无日计划作业，或实际作业内容与日计划不符（管理违章）；

（2）存在重大事故隐患而不排除，冒险组织作业；存在重大事故隐患被要求停止施工、停止使用有关设备、设施、场所或者立即采取排除危险的整改措施，而未执行的（管理违章）；

（3）使用达到报废标准的或超出检验期的安全工器具（管理违章）；

（4）工作负责人（作业负责人、专责监护人）不在现场，或劳务分包人员担任工作负责人（作业负责人）（管理违章）；

（5）未经工作许可（包括在客户侧工作时，未获客户许可），即开始工作（行为违章）；

（6）无票（包括作业票、工作票及分票、操作票、动火票等）工作、无令操作（行为违章）；

（7）作业人员不清楚工作任务、危险点（行为违章）；

（8）超出作业范围未经审批（行为违章）；

（9）作业点未在接地保护范围（行为违章）；

（10）漏挂接地线或漏合接地刀闸（行为违章）；

（11）高处作业、攀登或转移作业位置时失去保护（行为违章）；

（12）有限空间作业未执行“先通风、再检测、后作业”要求；未正确设置监护人；未配置或不正确使用安全防护装备、应急救援装备（行为违章）。

（二）Ⅱ类严重违章

Ⅱ类严重违章主要包括公司系统近年安全事故（事件）暴露出的管理和行为违章，具体包括：

（1）未及时传达学习国家、公司安全工作部署，未及时开展公司系统安全事故（事件）通报学习、安全日活动等（管理违章）；

（2）安全生产巡查通报的问题未组织整改或整改不到位的（管理违章）；

（3）针对公司通报的安全事故事件、要求开展的隐患排查，未举一反三组织排查；未建立隐患排查标准，分层分级组织排查的（管理违章）；

（4）特高压换流站工程启动调试阶段，建设、施工、运维等单位责任界面不清晰，设备主人不明确，预试、交接、验收等环节工作未履行（管理违章）；

（5）约时停、送电，带电作业约时停用或恢复重合闸（管理违章）；

（6）超允许起重量起吊（行为违章）；

（7）在带电设备附近作业前未计算校核安全距离，作业安全距离不够且未采取有效措施（管理违章、行为违章）；

（8）在电容性设备检修前未放电并接地，或结束后未充分放电；高压试验变更接线或试验结束时未将升压设备的高压部分放电、短路接地（行为违章）；

（9）擅自开启高压开关柜门、检修小窗，擅自移动绝缘挡板（行为违章）；

（10）在带电设备周围使用钢卷尺、金属梯等禁止使用的工器具（行为违章）；

（11）随意解除闭锁装置，或擅自使用解锁工具（钥匙）（行为违章）；

（12）在运行站内使用吊车、高空作业车、挖掘机等大型机械开展作业，未经设备运维单位批准即改变施工方案规定的工作内容、工作方式等（行为违章）。

（三）Ⅲ类严重违章

Ⅲ类严重违章主要包括安全风险高、易造成安全事故（事件）的管理和行为违章，具体包括：

（1）将高风险作业定级为低风险（管理违章）；

（2）违规使用没有“一书一签”（化学品安全技术说明书、化学品安全标签）的危险化学品（管理违章）；

（3）现场规程没有每年进行一次复查、修订并书面通知有关人员；不需修订的情况下，未由复查人、审核人、批准人签署“可以继续执行”的书面文件并通知有关人员（管理违章）；

（4）现场作业人员未经安全准入考试并合格；新进、转岗和离岗 3 个月以上电气作业人员未经专门安全教育培训，并经考试合格上岗（管理违章）；

（5）不具备“三种人”资格的人员担任工作票签发人、工作负责人或许可人（管理违章）；

（6）特种设备作业人员、特种作业人员、危险化学品从业人员未依法取得资格证书（管理违章）；

（7）特种设备未依法取得使用登记证书、未经定期检验或检验不合格（管理违章）；

（8）自制施工工器具未经检测试验合格（管理违章）；

（9）高边坡施工未按要求设置安全防护设施；对不良地质构造的高边坡，未按设计要求采取锚喷或加固等支护措施（管理违章、行为违章）；

（10）票面（包括作业票、工作票及分票、动火票等）缺少工作负责人、工作班成员签字等关键内容（行为违章）；

（11）重要工序、关键环节作业未按施工方案或规定程序开展作业；作业人员未经批准擅自改变已设置的安全措施（行为违章）；

（12）作业人员擅自穿、跨越安全围栏、安全警戒线（行为违章）；

（13）起吊或牵引过程中，受力钢丝绳周围、上下方、内角侧和起吊物下面有人逗留或通过（行为违章）；

（14）使用金具 U 形环代替卸扣，使用普通材料的螺栓取代卸扣销轴（行为违章）；

（15）在易燃易爆或禁火区域携带火种、使用明火、吸烟；未采取防火等安全措施即在易燃物品上方进行焊接，下方无监护人（行为违章）；

（16）生产和施工场所未按规定配备消防器材或配备不合格的消防器材（行为违章）；

（17）擅自倾倒、堆放、丢弃或遗撒危险化学品（行为违章）；

（18）在互感器二次回路上工作，未采取防止电流互感器二次回路开路、电压互感器二次回路短路的措施（行为违章）；

（19）起重作业无专人指挥（行为违章）；

（20）未按规定开展现场勘察或未留存勘察记录；工作票（作业票）签发人和工作负责人均未参加现场勘察（行为违章）；

（21）脚手架、跨越架未经验收合格即投入使用（行为违章）；

（22）对“超过一定规模的危险性较大的分部分项工程”（含大修、技改等项目），未组织编制专项施工方案（含安全技术措施），未按规定论证、审核、审批、交底及现场监督实施（管理违章、行为违章）；

（23）劳务分包单位自备施工机械设备或安全工器具（管理违章）；

（24）安全风险管控平台上的作业开工状态与实际不符；作业现场未布设与安全风险管控平台作业计划绑定的视频监控设备，或视频监控设备未开机、未拍摄现场作业内容（管理违章）；

（25）应拉断路器（开关）、应拉隔离开关（刀闸）、应拉熔断器、应合接地开关、作业现场装设的工作接地线未在工作票上准确登录；工作接地线未按票面要求准确登录安装位置、编号、挂拆时间等信息（管理违章）；

（26）高压带电作业未穿戴绝缘手套等绝缘防护用具；高压带电断、接引线或带电断、接空载线路时未戴护目镜（行为违章）；

（27）汽车式起重机作业前未支好全部支腿，支腿未按规程要求加垫木（行为违章）。

三、某网省公司安全生产典型违章

某网省公司自2018年，在“严重违章”“一般违章”基础上，将符合公司“作业安全十条禁令”的违章行为定义为“恶性违章”。

（一）恶性违章

（1）停电作业不按规定验电、接地；

（2）高处作业不正确使用安全带、不戴安全帽；

（3）未经工作许可即开展工作；

（4）作业不按规定进行现场勘察；

（5）作业不按规定使用工作票、操作票；

（6）作业现场安全措施未做完整就进行工作；

（7）作业监护人员（工作负责人、专责监护人、同进同出人员）擅自离开现场；

（8）现场特种作业人员无证上岗；

（9）不按施工方案进行施工；

（10）使用不合格的验电笔、接地线、绝缘棒、安全带，高空落物高风险场所不戴安全帽。

（二）管理性违章

1. 严重违章

（1）未制定和落实各级人员安全生产岗位职责；

（2）安全第一责任人不按规定主持召开安全生产委员会会议和安全生产月度例会；

（3）未按规定设置安全监督机构和配置安全员；

（4）未按规定落实安全生产措施、计划、资金；

（5）对违章不制止，未按规定落实对违章人员的处罚，对违章或问题未整改闭环；

（6）违规干预值班调度、运检人员操作；

（7）对事故未按照“四不放过”原则进行调查处理；

（8）管理人员对仓库易燃、易爆物品等危险品放置规定不清楚，对危化品处置不当；

（9）三级及以上高风险、复杂的作业项目，无安全施工方案；

（10）三级及以上作业风险未编制、发布作业安全风险预警管控单。

2. 一般违章

（1）设备应检修而未按期检修、缺陷消除超过规定时限、设备缺陷管理流程未闭环；

（2）现场规程没有每年进行一次复查、修订，并书面通知有关人员；

（3）未按规定配置现场安全防护装置、安全工器具和个人防护用品；

（4）对排查出的事故隐患未制定整改计划或未落实整改治理措施；

（5）未按规定建立月、周、日安全生产例会制度，未及时召开月、周、日安全生产例会；

（6）未按要求开展“两票”执行情况审核，或评价和考核不严；

（7）未按要求开展安全活动；

（8）未按规定落实对违章人员的处罚和问题的整改闭环。

（三）行为性违章

1. 严重违章

（1）酒后开车、酒后从事电气检修施工作业或其他特种作业；

（2）发生违章被指出后仍不改正；

（3）未经批准擅自解除闭锁装置或退出防误操作闭锁装置；

（4）在无安全技术措施或未进行安全技术交底情况下，进行下列工作的：① 难度较大的或首次进行的带电作业；② 重要或首次进行的电气试验；③ 主变压器吊运、装卸；④《国网公司生产作业安全管控标准化工作规范（试行）》明确需要编制“三措”的项目；

（5）巡视或检修作业，工作人员或机具与带电体不能保持规定的安全距离；

（6）在带电设备附近使用金属梯子、金属脚手架等进行作业，在户外变电站和高压室内不按规定使用和搬运梯子、管子等长物；

（7）人在梯子上工作时移动梯子；

（8）工作负责人变动未履行变更手续，未告知全体工作班成员及工作许可人；

（9）单人留在高压室或室外高压设备区作业（规定允许的除外）；

（10）高压试验有下列行为的：① 未断开试验电源的情况下盲目变更或拆除高压试验接线；② 高压试验装置的低压电源及接地不符合要求；③ 进行高压试验时不按规定装设遮栏或围栏，加压过程不进行监护和呼唱，被试设备两端不在同一地点时，另一端没有派人看守；④ 高压试验未减压擅自攀爬试验设备；⑤ 试验结束后，试验上遗漏接地短路线；

（11）在开关机构上进行检修、解体等工作，未拉开相关控制电源和动力电源；

（12）不按规定佩戴防尘、防毒用具。

2. 一般违章

（1）工作负责人未对进入现场的厂家人员或外来人员进行安全教育，未填写安全教育卡并签名确认；

（2）现场小组工作负责人没有佩戴小组工作负责人袖标，工作负责人未佩戴袖标或穿红马甲，工作负责人、许可人未随身携带工作票；

（3）漏挂（拆）、错挂（拆）警告标示牌；

（4）高处作业人员携带除个人工器具和传递绳以外的材料、工器具上杆塔，随手上下抛掷器具、材料；

（5）工具或材料浮搁在高处；

（6）低压电气工作时，拆开的引线、断开的线头未采取绝缘包裹等遮蔽措施，未采取绝缘隔离防止相间短路和单相接地的措施；

（7）装设（拆除）接地线不规范的：① 装（拆）接地线时，人体碰触接地线或未接地的导线；② 装设接地线的导电部分或接地部分未清除油漆；③ 用缠绕的方法装设接地线或用不合规定的导线进行接地短路；④ 接地线的接地棒插入地下深度不满足安规要求；⑤ 接地线装设不牢靠或虚插；

（8）接地线与检修部分之间连有熔断器或未做好防止分闸安全措施的断路器；

（9）作业结束未做到工完料尽场地清，或未及时封堵孔洞、盖好沟道盖板；

（10）工作前未进行“三交三查”；

（11）现场作业工作票、小组任务单未使用一式二份（多份），未使用小组任务单；

（12）工作票填写不规范，出现以下情况：① 计划工作时间与所批准的工作时间不符；② 工作票上工作班成员或人数与实际不符，工作时间与设备的停役时间不符；③ 工作票中设备名称、编号与一次接线图及现场实际不符；④ 工作票上的工作任务不清或与实际工作不一致，票面涂改严重，漏填或错填内容；⑤ 工作票、操作票、作业卡不按规定签名；⑥ 工作负责人对临时加入的工作人员未交待安全注意事项和安全措施及工作任务，且未做好有关记录；⑦ 工作延期未办理工作票（施工作业票）延期手续或工作结束未及时办理工作票终结手续；

（13）专责监护人不认真履行监护职责，从事与监护无关的工作，或专责监护人多点同时监护；

（14）每日收工和次日开工前，未履行工作间断手续；

（15）在同一电气连接部分，高压试验的工作票发出后，再发出或未收回已许可的有关该系统的所有工作票；

（16）在带电的电流互感器二次回路上工作时，发生下列违章现象：① 采用导线缠绕的方法短路二次绕组；② 在电流互感器与短路端子之间的回路和导线上进行工作；

（17）试验工作结束后，未认真按“二次工作安全措施票”逐项恢复同运行设备有关的接线，拆除临时接线，没有认真检查装置内是否有异物，屏面信号及各种装置状态是否正常，各相关连接片及切换开关位置是否恢复至工作许可时的状态；

（18）在有压力及弹簧储能的状态下进行拆装检修工作；

（19）不按规定保管和使用高压室的钥匙，进出高压配电室未随手关门；

（20）无资质人员单独巡视高压设备，或单独在高压设备区逗留；

（21）现场作业人员未按规定正确着装；

（22）作业现场未按规定配备急救箱、无清单、无急救用品；

（23）报废的安全工器具、施工机具及失效的解锁钥匙未及时处理或混放。

（四）装置性违章

1. 严重违章

（1）设备一次安装接线与技术协议和设计图纸不一致；

（2）能产生有毒有害气体（含六氟化硫等）的配电装置室、开关室等户内场所无通风装置或检漏装置；

（3）使用的安全防护用品、用具无生产厂家、许可证编号、生产日期及国家鉴定合格证书；

（4）现场使用的各种与人体直接接触的低压电器无漏电保安器或保安器失效。

2. 一般违章

（1）变电站施工现场与运行设备隔离措施不完善；

（2）防小动物措施不满足规定要求；

（3）电气设备外壳、避雷器无接地或接地不规范；

（4）电气设备无安全警示标志或未根据有关规程设置固定遮（围）栏；

（5）施工机具和仪器仪表未进行定期检测；

（6）安全帽超使用周期、帽壳破损、缺少帽衬（帽箍、顶衬、后箍），缺少下颏带等；

（7）安全带（绳）断股、霉变、损伤或铁环有裂纹、挂钩变形、缝线脱开等；

（8）安全工器具储存场所不满足要求；

（9）梯子没有加装或缺失防滑装置；无限高标识；人字梯无限制开度装置；上下梯无人扶持；梯子架设在不稳定的支持物上，作业时无人扶持或未固定；

（10）用两相三孔插座代替三相插座，临时电源、电源线盘无漏电保护装置。

第二节　事故案例分析

【案例一】某单位试验人员在进行断路器试验工作时，误登带电设备，造成电灼轻伤事故。

1. 事故经过

5月12日，某单位试验班人员进行110kV某变电站110kV 782断路器试验、牵引站工程新建断路器间隔交接试验工作。试验班当日在某变电站工作分为两组，第一组为第一种工作票工作负责人孟×，工作班成员张×、黄×（当日由班长另行安排工作），工作任务是进行110kV 782断路器试验；第二组为第二种工作票工作负责人王××，工作班成员吴×、郭××、孙××，工作任务是110kV ×城铁路牵引站配套工程新建出线断路器间隔交接试验工作。

12日上午，工作负责人孟×在办理好工作票许可手续后，对张×进行了现场安全交底和危险点分析，然后工作人员张×履行工作交底签名确认手续。孟×说"工作时再交待措施"。

因保护班二次工作正在进行，断路器还不具备分合条件，且此时下雨，孟×安排张×，王××安排本组试验人员郭××、吴×、孙××（同为试验班成员）在车内等待。而王××本人在110kV某城铁路牵引站配套工程新建的出线断路器间隔现场，等待与开关班协调下一步工作。

当保护班通知孟×断路器具备分合条件后，孟×来到车前讲："782断路器可以开工，把仪器搬到现场准备好。"随后，孟×先到控制室找保护班合断路器，紧接着又到110kV某城铁路牵引站配套工程新建的出线断路器间隔找另一组试验负责人王××要电源盘。

此时，郭××首先下车将仪器搬运到运行的110kV 512断路器下面，随即离开，张×看见试验仪器放置的位置后，将绝缘专用接线杆及测试线放到仪器旁边，吴×随后也来到了512断路器间隔，从110kV 512断路器A相下部构架西面的北侧爬上，此时孟×把电源盘放在地下，没有人注意到吴×已登上512断路器构架的支架上，导致512断路器A相中间法兰对吴×手中所拿绝缘测试杆的测试夹端部的金属部件放电，形成512断路器A相通过测试夹及其所连接的测试线、检修电源连接线瞬间接地，对测试线夹端部放电引起的电弧光将吴×左小臂灼伤，吴×从构架上掉下，侧卧在地面上，此时安全帽依然完好戴在头上。孟×、孙××当即对吴×进行触电急救，孟×进行口对口人工呼吸，孙××进行胸外按压，大约2～3min后吴×神志清醒。随后送至××医院进行救治，经过医疗专家会诊，烧伤面积1.1%、烧伤深度1%（轻微），诊断为电灼轻伤。

2. 违章分析

（1）事故单位安全基础管理工作不到位，执行规程制度流于形式；部门没有严格对作业指导书执行情况进行督促、检查、考核，班组对执行作业指导书的认识度不高，没有按照作业指导书的作业程序进行作业；作业指导书执行力不强，现场组织生产秩序混乱，控制安全风险能力低下。

（2）职能部门对现场执行规程制度情况，尤其是对作业指导书执行情况督促、检查、指导、考核不严，检查生产现场落实岗位人员安全生产责任制不到位，纠正工作人员工作不规范行为不到位。

（3）执行“两票三制”管理制度存在严重漏洞，运维人员和检修人员对工作票的许可和执行环节把关不严，没有认真执行工作票管理程序；现场作业设置的安全设施不规范。

（4）发生事故后，运维人员擅自涂改工作票，给事故调查造成困难。

3. 防止对策

（1）开展安全生产工作整顿，认真汲取事故教训。全体员工必须对照“5·12”人身事故，立即查找本部门、本班组安全管理短板、薄弱环节、薄弱部位，查摆安全生产责任制、安全管理、生产管理、安全教育培训、反“三违”、规章制度执行力等方面存在的问题。

（2）组织对“两票三制”执行情况进行专项检查，从工作票的签发、许可、变更、转移、终结、评价、送达等各个环节入手，认真查找工作票管理中存在的问题，重点检查县公司执行“两票三制”的情况，严厉打击工作票执行中的各种弄虚作假，隐瞒真相的行为。

（3）开展对作业指导书执行情况的专项检查，将作业指导书的执行情况与“两票”执行情况同等进行考核，重点检查现场工作中作业指导书的执行情况。

（4）事故责任单位对事故执行“说清楚”，从工作任务安排、人员分工、现场交底、作业指导书、“三措一案”执行、现场监督检查到位等各个环节，认真查找责任部门、责任班组、责任人员的短板和管理薄弱点，举一反三地汲取事故教训，制定切实可行的保证措施，降低或消除安全风险。

【案例二】某公司变电工区作业人员在采油样过程中触电死亡

1. 事故经过

4 月 28 日 13 时 20 分，变电工区主任金××在接到某变电站 66kV 电容器组电抗器（B 相）进水的通知后，于 14 时 10 分电话通知工区运行专工王××和检修班长房×，到某变电站检查进水电抗器并采油样进行复检；随后金××又电话通知某变电站当值值班长林×，配合作业组成员取油样，并根据需要布置安全措施。值班长林×安排当值主值班员陈×负责布置安全措施，陈×随后将一面“在此工作”旗和“在此工作”牌放在电容器组围栏外侧的地面上，待作业组履行工作手续时，再将“在此工作”旗和牌放在工作地点。

15 时，专工王××、工作负责人房×、工作组成员刘×等人共同驱车到达某变电站。工作负责人房×到主控楼取材料库钥匙，以便拿出油盘等作业工器具；专工王××沿巡视道巡视完主变压器后与携带油盘等工具的房×一同来到电容器组围栏外侧。观察完设备后，约 15 时 10 分，工作负责人房×正要到主控室办理开工手续时，忽然听到“呲啦”放电声，王××、房×一同跑到放电地点，发现作业组成员刘×仰躺在电容器组西隔离开关下的草地上，呼吸急促，身体左侧放有一面“在此工作”旗。两人立即对刘×进行了人工呼吸急救，同时工作负责人房×拨打 120 急救电话。约 20min 后急救车赶到，刘×经抢救无效死亡。

2. 违章分析

（1）作业人员忽视安全，违反安全规程，违章作业。

（2）安全管理工作存在诸多的薄弱环节，安全监督力度不够，安全工作中的形式主义严重。

（3）基层单位安全管理粗放，执章不严。

（4）安全责任制没有真正落到实处，职工安全意识不强，缺乏责任心，没有履行各自的安全责任。

3. 防止对策

（1）加强对职工的安全教育和自我防护保护能力教育。

（2）严格执行规程及各种规章制度，互相监督施工安全。

（3）提高全员职工安全责任感和自觉性。

（4）健全和完善各种规章制度，落实各级人员安全责任制，制定防范措施。

（5）反各种习惯性违章，对违章行为严肃处理，加强作业现场的安全监督和管理。

（6）对事故认真进行分析，吸取事故教训，做到人人皆知，举一反三。

【案例三】某试验所在现场试验拆线时造成人员触电死亡

1. 事故经过

8 月 25 日，某试验所在发电厂进行试验工作。下午 4 时 55 分开始试验，晚上 8 时局部放电试验结束，试验电源全部断开，此后开始进行试验现场仪器、设备的收拾、整理工作。当大部分现场整理工作已结束，8 时 30 分左右，在收专用保护接地裸铜线的过程中，高×因用手脱开并触及碘钨灯照明就近接地引线（注：经查属违章一相一地方式）的裸露端发生触电，同时临时照明碘钨灯灭，人仰面倒在 C 相变压器蓄油坑边。后经抢救无效于 21 时 20 分死亡。

2. 违章分析

（1）临时电源管理不规范，存在安全隐患。

（2）工作人员操作不当，未使用安全防护用品。

3. 防止对策

（1）加强对临时电源管理，严禁使用一相一地接线方式。

（2）认真开展作业前危险点分析，加强对作业人员现场安全交底，规范作业，严格按规定使用安全防护用品。

【案例四】500kV 某变电站因试验人员擅自操作，导致带接地开关合隔离开关恶性误操作事故

1. 事故经过

500kV 某变电站事故前运行方式：500kV 第三串 5031、5032 断路器运行，500kV××二线及高压电抗器运行；第四串 5041、5042 断路器运行，1 号主变压器、××二线运行；第五串 5051 断路器运行，××一线及高压电抗器运行。第五串 5052、5053 断路器及××一线为检修状态，5052 断路器两侧接地开关 505217、505227 在合位；5053 断路器两侧接地开关 505317、505327 在合位；××一线线路接地开关 505367、5053617 在合位。××一线线路倒闸隔离开关 50536 在分位。

1 月 26 日，某试验所高压室在 500kV 某变电站进行 500kV××一线 5053、5052 断路器、电流互感器预试工作。试验所高压试验人员赵×要求变电站值班人员配合在现场进行“分相拉合 505327 接地开关”操作。运行副班雍×受令到现场后，应试验人员赵×要求，首先拉开 505327 C 相接地开关，因 C 相接地开关的操作电源设在 A 相接地开关机构箱内，平时处于断开状态，运维人员雍×未认真核对设备名称、编号，误将相邻的 50532 隔离开关的 A 相机构箱门打开，合上了 50532 隔离开关的操作电源，随后走到 505327 C 相接地开关机构箱处，打开机构箱门，按“分闸”按钮进行 505327 C 相接地开关的分闸操作，505327 C 相接地开关无反应，应试验人员赵×要求，手动拉开 505327 C 相接地开关。在此期间，运维人员雍×对无法电动操作 505327 C 相接地开关产生了怀疑，便立即回到 50532 隔离开关 A 相的机构箱前进行了核对，发现自己误打开了 50532 隔离开关 A 相的机构箱，当即断开操作电源，关上机构箱门，立即回到 50532 C 相隔离开关机构箱处，将机构箱钥匙取下，准备回来锁好 50532 隔离开关 A 相的机构箱。此时试验人员赵×已走到了 50532 隔离开关 A 相的机构箱处，擅自合上 50532 隔离开关的操作电源，并错按了三相合闸按钮，于 13 时 14 分将 50532 隔离开关合上。由于机械闭锁造成 50532 三相不同步，A 相先于 B 相隔离开关接近 500kVⅡ段母线，引起 500kV 某变电站 500kVⅡ段母线 A 相接地，500kVⅡ段母差保护正确工作，跳开了 500kV5032、5043 断路器，事故未造成减供负荷，对系统稳定运行未造成影响。

2. 违章分析

（1）职工安全意识淡薄，习惯性违章严重。

（2）运维管理存在较大疏漏，规章制度执行不力。

（3）危险点分析与控制流于形式，对重大危险点缺乏足够认识。

（4）部分职工对 500kV 设备重要性认识不足，没有从思想上引起足够重视。

（5）安全学习和职工培训针对性不强。

（6）安全生产管理存在严重问题，安全管理基础不牢。

3. 防止对策

（1）超高压公司和试验所全体职工停产学习，按照“四不放过”的原则进行分析，深刻吸取事故教训。

（2）严格贯彻“三铁”反“三违”的安全管理思想，立即组织清理全公司的安全管理制度和规定，组织专业人员进行修改和完善，严密安全管理制度和规定。

（3）严格推行标准化作业，增强运行管理全过程的规范性。根据已颁布的标准化作业指导书，结合超高压公司各变电站设备的具体特点，完善设备巡视、倒闸操作、安全措施布置等全过程的标准化作业程序。

（4）深入开展危险点分析，严格落实控制措施，完成典型危险点分析与控制措施的修订工作。

（5）有针对性地落实反事故措施，对隔离开关就地单相操作，只允许采用手动操作，禁止采用电动操作；三相操作禁止就地操作，必须采用远方操作。

（6）为有效防止检修人员和外单位施工人员对变电站设备不熟悉，擅自操作变电站设备，统一印制“到站工作须知”，在工作人员进场时发放。

（7）举办针对性强的技能培训、模拟操作。

【案例五】220kV 某变电站 220kV 线路感应电致使人身触电死亡事故

1. 事故经过

5 月 20 日 18 时左右，某电力实业总公司变电分公司线路参数测试工作负责人胡××、工作人员于×持工作票至 220kV 某变电站，在接受变电站当值人员现场安全交底和履行现场工作许可手续后，两人于 19 时 11 分进入某变电站 220kV 设备场地进行线路参数测试。20 时左右，测试工作人员于×在完成××Ⅱ线零序电容测试后，未按规定穿用绝缘鞋、绝缘手套、绝缘垫，且在××Ⅱ

线两端未接地的情况下，直接拆除测试装置端的试验引线，导致感应电触电。工作负责人胡××在没有采取任何防护措施的情况下，盲目对触电中的于×进行身体接触施救，导致触电。21 时 53 分，2 人经抢救无效死亡。

2. 违章分析

（1）直接原因：

1）测试工作人员于×在线路参数测试过程中违章作业，未按规定穿用绝缘鞋、绝缘手套、绝缘垫，且在被测线路 220kV××Ⅱ线路两端未接地的情况下变更接线，直接拆除测试装置的试验引线，线路感应电通过试验引线经身体与大地形成通路，导致触电，是造成本起事故的直接原因。

2）工作负责人胡××盲目施救，在没有采取任何防护措施的情况下，对触电中的于×进行身体接触施救，是导致本起事故扩大的直接原因。

（2）间接原因：

1）安全监护落实不到位。工作负责人未及时制止测试作业人员的违章冒险作业行为，现场安全监护不到位，是导致本起事故发生的重要原因。

2）安全风险认识不足。工程项目部负责人对本次线路参数测试作业的安全风险认识不足，且未安排人员到施工作业现场进行安全检查，未能及时发现并制止作业人员违章冒险作业，是导致本起事故发生的重要原因之一。

3）安全培训教育及安全管理不到位。某电力实业总公司变电分公司教育和督促从业人员执行安全生产规章制度和安全操作规程不到位，对作业现场安全管理不到位，致使测试作业人员违章冒险作业，工作负责人盲目施救，是导致本起事故发生的重要原因之一。

3. 防止对策

（1）强化安全生产红线意识。公司上下要深入学习贯彻习近平总书记关于安全生产的重要思想，从践行“四个意识”的高度，深刻认识安全生产的极端重要性，牢固树立安全发展理念，大力弘扬生命至上、安全第一的思想，牢牢守住“发展决不能以牺牲安全为代价”这条红线和遏制重特大事故这条底线，真正把保障员工生命安全作为工作的出发点和落脚点，严谨细致抓好安全生产各项工作。

（2）落实全员安全生产责任。强化安全生产主体责任，按照“党政同责、一岗双责、齐抓共管、失职追责”要求，建立完善安全工作机制，编制全员安全责任清单，拧紧全员履责链条，切实将公司安全工作部署和要求穿透到基层一线。严格工程建设安全履责，切实落实业主单位组织协调管理责任，监理单位全过程监督责任和施工单位现场作业安全管理主体责任。

（3）加强集体企业安全管理。严格落实“谁主管谁负责”和“同部署、同检查、同考核”要求，完善主办单位及其相关部门、集体企业平台安全职责，加强对集体企业安全监督管理和业务指导。加强集体企业安全管理体系建设，按照与主业同等标准要求，加强集体企业承揽项目安全管理，严格分包队伍管理和现场作业监督，严禁超能力承揽工程，切实消除安全管理薄弱环节。

（4）全面执行生产作业安全管控标准化。加强生产组织管理，严格管控生产秩序，全面评估安全风险，切实加强作业必要性、可行性的把关审核。认真组织开展现场勘查，准确辨识作业风险，充分做好作业准备，严格组织实施，落实《安规》和“两票三制”，持续加大反违章力度。完善标准化作业体系，规范检修试验、倒闸操作、设备巡视、安措布置等全过程作业工序。

（5）大力开展生产作业反违章。树立“违章就是事故”的理念，落实各级专业部门反违章主体责任，切实加强专业分层级反违章工作，以“零容忍”反违章。鼓励员工主动查纠、相互监督，有效预防和杜绝违章行为。健全反违章激励约束机制，开展无违章班组、无违章员工等评比，严格违章处罚，对违章人员给予曝光、严厉处罚，形成遵章守纪的良好氛围。

（6）有效组织安全教育培训。牢固树立“培训不到位是重大安全隐患”的意识，加强安全教育和技能培训，优化改进培训方式，按照“干什么、学什么，缺什么、补什么”原则，开展分专业岗位适应性培训和安全技能实操实训，全面提升作业人员安全自保意识和风险辨识、“两票”填写、安措布置、工器具使用、作业技能水平。

【案例六】某建设工程有限公司有限空间作业一氧化碳中毒人身事故

1. 事故经过

8月4日下午，某建设工程有限公司现场施工项目部一班负责人张××（男，51岁）和班组成员共6人在左回路1号铁塔基础基坑进行B腿钢筋绑扎和D腿坑底积水抽除作业（该基础系掏挖基础，设计深度9.5m，孔口直径2.8m，坑底直径4.8m），现场安全监护员张×和班组成员汪××（男，54岁）、王××、吴××在B腿进行钢筋绑扎。

17时10分，班组负责人张××安排班组成员童××使用汽油机水泵对D

腿坑底积水进行排水。18时左右，D腿坑底积水已抽除完毕，在张××监护下童××下坑关停汽油机水泵。

18时25分左右，工作负责人张××发现童××晕倒在坑底，大声呼喊见其无反应，立即呼叫正在B坑进行钢筋扎制作业的张×、汪××、王××和吴××，“出事了，有人中暑晕倒了，快过来帮忙啊”，自己马上系挂保险绳下坑施救，张××至坑底后，摇晃了几下童××的身体后自己也晕倒。张×立即拨打120电话，并电话报告某建设工程有限公司项目现场负责人潘××：“现场有好几个人晕倒，赶紧安排人过来施救”（当时约18时31分），同时跑步下山至附近某变电站大门口，向站内施工人员求援，期间汪××、王××和吴××三人连续下坑施救陆续晕倒。

18时40分左右，潘××与某火电公司施工项目部和监理项目部人员共9人火速赶到现场，判断是缺氧造成，立即启动现场空气压缩机，放入空气导管至坑底通风，通风10min后，他们将坑底人员通过保险绳逐一拉至坑口，与赶来救援的9名变电站施工人员一起在坑口地面对昏迷人员做心肺复苏急救。

19时左右，现场救援人员与相继赶到的消防人员、民警、村民将伤者先后背到山脚。先后到达的120急救车陆续将5名伤者分别送至该市中心医院、人民医院、中医院全力进行抢救。22时20分许，张××、汪××经抢救无效死亡。

2. 违章分析

（1）分包单位现场施工班组在基坑排水配置的小功率电动水泵未能正常使用，而擅自改为用于混凝土浇筑的汽油机水泵，因吸水管不够长又将汽油机水泵放置在基坑内运转，致使在狭小的空间积聚大量的有害气体，从而导致施工人员进入基坑时发生中毒、窒息，是本次事故的直接原因。

（2）事故现场发生第一人晕倒后，后续下基坑施救人员误判坑内晕倒人员为中暑，贸然下坑施救，是本次事故扩大的直接原因。

3. 防止对策

（1）责令工程停工整顿，在停工整顿期间，成立安全检查组，加强全员安全教育，深刻反思事故教训，积极开展心理疏导，开展“防人身事故、防机械设备事故”培训，组织应急演练，提高应急自救能力，并做好后续复工安排。

（2）召开该高压工程安委会会议，检查“作业安全十条禁令”贯彻落实情况，开展“人人找隐患，人人保安全” 安全隐患大排查；增派安全监察支队对工程进行高频率检查。

（3）在深基坑开挖等有限空间作业必须采取针对性防范措施。坑深超过10m时，应采用不间断的机械通风措施；坑底有人作业时，坑口必须设专职安全监护人；配置必要的应急救援设备，以备中毒、窒息等意外事件救援需要。

（4）坑内原则上不得使用汽油、柴油等会产生中毒、窒息有害气体的动力机械。进入电缆沟（井）前，应采取有效的通风设施，并检测有害气体含量在安全范围；进入装有 SF_6 设备的密闭场所时，必须按规定进行有效通风，并用检漏仪测量气体含量在许可范围，确保人身安全。

（5）全面梳理排查全省基建工程安全隐患，根据《国家电网公司安全隐患排查治理管理办法》和《国家电网公司电网建设工程施工分包管理办法》等管理要求，举一反三，制定计划、落实费用、按期整改检查发现的问题和安全隐患。

第七章

班组管理和作业安全监督

第一节 班组管理安全监督

高压试验和油化试验班组的安全职责如下：

（1）贯彻落实“安全第一、预防为主、综合治理”的方针，按照“三级控制”制定本班组年度安全生产目标及保证措施，布置落实安全生产工作，并予以贯彻实施。

（2）执行各项安全工作规程，开展作业现场危险点预控工作，执行“两票三制”；执行高压试验和油化试验规程及工艺要求，确保生产现场的安全，保证生产活动中人员与设备的安全。

（3）做好班组管理，做到工作有标准，岗位责任制完善并落实，设备台账齐全，记录完整。制定本班组年度安全培训计划，做好新入职人员、变换岗位人员的安全教育培训和考试。

（4）开展定期安全检查、隐患排查、“安全生产月”和专项安全检查等活动。积极参加上级各类安全分析会议、安全大检查活动。

（5）开展班前会、班后会，做好出工前“三交三查”工作，主动汇报安全生产情况。

（6）组织开展每周一次的安全日活动，结合工作实际开展经常性、多样性、行之有效的安全教育活动。

（7）开展班组现场安全稽查和自查自纠工作，制止人员的违章行为。

（8）定期组织开展安全工器具及劳动保护用品检查，对发现的问题及时处理和上报，确保作业人员工器具及防护用品符合国家、行业或地方标准要求。

（9）执行安全生产规章制度和操作规程。执行现场作业标准化，正确使用标准化作业程序卡，参加检修、施工等工作项目的安全技术措施审查，确保所辖设备检修、大修、业扩等工程的施工安全。

（10）加强所辖设备（设施）管理，组织开展电力设施的安装验收、巡视检查和维护检修，保证设备安全运行。定期开展设备（设施）质量监督及运行评价、分析，提出更新改造方案和计划。

（11）执行电力安全事故（事件）报告制度，及时汇报安全事故（事件），保证汇报内容准确、完整，做好事故现场保护，配合开展事故调查工作。

（12）开展技术革新，合理化建议等活动，参加安全劳动竞赛和技术比武，促进安全生产。

第二节　高压试验作业安全监督

一、工作前的准备

接受工作任务后，全面理解并掌握工作内容，必要时勘察现场，填写现场勘察记录，核对现场设备及接线，分析不安全因素，制定针对性安全风险控制措施，编制专项试验方案或作业指导书，并按规定程序履行审核、批准手续。

特殊的重要电气试验，应有详细的安全措施，并经单位分管生产的领导（总工程师）批准。直流换流站单极运行，对停运的单极设备进行试验，若影响运行设备安全，应有措施，并经单位分管生产的领导（总工程师）批准。

开工前，工作负责人组织召开班前会，工作班全体人员列队并面向工作地点，进行“三交三查”。工作班全体人员清楚无疑义后逐一签名，方可进入现场。

试验进场前，试验工作负责人应组织试验人员预先熟悉试验方案和试验作业指导书，了解被试品状况和历史试验记录，准备试验所需的试验装置和安全工器具，准备高压试验操作卡和原始数据记录表。

二、保证安全的组织、技术措施

高压试验应填用变电站（发电厂）第一种工作票。在高压试验室（包括户外高压试验场）进行试验时，按 GB 26861—2011《电力安全工作规程　高压试验室部分》的规定执行。

在同一电气连接部分，许可高压试验工作票前，应先将已许可的检修工作票收回，禁止再许可第二张工作票。如果试验过程中需要检修配合，应将检修人员填写在高压试验工作票中。在一个电气连接部分同时有检修和试验时，可填用一张工作票，但在试验前应得到检修工作负责人的许可。

高压试验宜在白天进行，确因工作需要在晚上进行的，工作现场应有足够的照明。下雨和湿度大等天气不宜进行高压试验，雷雨及恶劣天气时，禁止在线路上、室外变电站或室内变电站的出线回路上进行高压试验。

系统有接地故障时，或变电站进行倒闸操作期间，禁止进行接地网特性参数测试工作。

进行带电测试时，应注意保持与带电部分的安全距离，并派专人监护。在带电设备的接地引下线上进行测量时，不得断开设备接地回路，测试人员应穿专用绝缘靴。

在电容器组上或在其围网内进行试验工作时，应先将电容器和构架逐个多次放电并短路接地。

履行工作许可手续时，工作许可人应审查工作票所列安全措施是否正确完备，且应符合现场条件。工作现场布置的安全措施应完备，必要时予以补充。对工作票所列内容有疑问时，必须向工作票签发人询问清楚，必要时应要求做详细补充。

工作许可人得到值班调控人员许可指令（同意）后，对补充现场安全措施进行完善，向工作负责人办理工作许可手续，交待安全措施，并履行签字确认手续。

工作许可手续完成后，工作负责人、专责监护人应向工作班成员交待工作内容、人员分工、带电部位和现场安全措施，根据试验要求布置试验现场，落实危险点预控措施，并履行签名确认手续后，工作班方可开始工作。工作负责人、专责监护人应始终在工作现场，对工作班人员的安全认真监护，及时纠正不安全的行为。

按工作票内容布置的安全措施，在未办理工作终结前不得擅自变更和拆除。

三、现场作业

高压试验工作不得少于两人，试验人员应持证上岗。试验负责人应由有经验的人员担任。开始试验前，试验负责人应向全体试验人员详细布置试验中的安全注意事项，交待邻近间隔的带电部位，以及其他安全注意事项。

所有工作人员（包括工作负责人）不许单独进入、滞留在高压室、阀厅内和室外高压设备区内。

试验现场应装设遮栏或围栏，遮栏或围栏与试验设备高压部分应有足够的安全距离，向外悬挂“止步，高压危险！”的标志牌，并派人看守。被试设备两端不在同一地点时，另一端还应派人看守。

如加压部分与检修部分之间的断开点按试验电压有足够的安全距离，并在另一侧有接地短路线时，可在断开点的一侧进行试验，另一侧可继续工作。但此时在断开点应挂“止步，高压危险！”的标志牌，并设专人监护。

试验装置的金属外壳应可靠接地；高压引线应尽量缩短，并采用专用的高压试验线，必要时用绝缘物支持牢固。试验装置的电源开关，应使用明显断开的双极开关。为了防止误合开关，可在刀刃上加绝缘罩。试验装置的低压回路中应有两个串联电源开关，并加装过载自动跳闸装置。

严禁工作人员擅自移动或拆除接地线。高压回路上的工作，需要拆除全部或一部分接地线后始能进行的工作，应征得运维人员的许可（根据调控人员指令装设的接地线，应征得调控人员的许可）方可进行，工作完毕后立即恢复。

加压前应认真检查试验接线，使用规范的短路线，表计倍率、量程、调压器零位及仪表的开始状态均正确无误，经确认后，通知所有人员离开被试设备，并取得试验负责人许可，方可加压。加压过程中应有人监护并呼唱。高压试验作业人员在全部加压过程中，应精力集中，随时警戒异常现象发生，操作人应站在绝缘垫上。

变更接线或试验结束时，应首先断开试验电源、放电，并将升压设备的高压部分放电、短路接地。

未装接地线的大电容被试设备，应先行放电再做试验。高压直流试验时，每告一段落或试验结束时，应将设备对地放电数次并短路接地。

工作负责人、专责监护人应始终在工作现场。

工作票签发人或工作负责人，应根据现场的安全条件、施工范围、工作需要等具体情况，增设专责监护人和确定被监护的人员。

专责监护人不得兼做其他工作。专责监护人临时离开时，应通知被监护人员停止工作或离开工作现场，待专责监护人回来后方可恢复工作。若专责监护人必须长时间离开工作现场时，应由工作负责人变更专责监护人，履行变更手续，并告知全体被监护人员。

工作期间，工作负责人若因故暂时离开工作现场时，应指定能胜任的人员临时代替，离开前应将工作现场交待清楚，并告知工作班成员。原工作负责人返回工作现场时，也应履行同样的交接手续。

若工作负责人必须长时间离开工作现场时，应由原工作票签发人变更工作负责人，履行变更手续，并告知全体作业人员及工作许可人。原、现工作负责人应做好必要的交接。

工作间断时，工作班人员应从工作现场撤出，每日收工，应清扫工作地点，开放已封闭的通道，并电话告知工作许可人。若工作间断后所有安全措施和接线方式保持不变，工作票可由工作负责人执存。次日复工时，工作负责人应电话告知工作许可人，并重新认真检查确认安全措施是否符合工作票要求。间断后继续工作，若无工作负责人或专责监护人带领，工作人员不得进入工作地点。

在用同一张工作票依次在几个工作地点转移工作时，全部安全措施由运维人员在开工前一次做完，不需再办理转移手续。但工作负责人在转移工作地点时，应向作业人员交待带电范围、安全措施和注意事项。

试验中发现异常，应立即停止试验，降下电压、切断电源，对试验装置和被试品充分放电并接地后，方可进行分析和检查。对试验数据有怀疑时，应先停止试验，在做好各项安全措施后，再做原因讨论和分析。试验间断后恢复试验时，应按试验开始程序对各项准备工作重新进行检查和确认。

试验结束时，试验人员应拆除自装的接地短路线，并对被试设备进行检查，恢复试验前的状态，经试验负责人复查后，进行现场清理。

四、工作终结

全部工作完毕后，工作班应清扫、整理现场。工作负责人应先周密地检查，待全体作业人员撤离工作地点后，再向运维人员交待所修项目、发现的问题、试验结果和存在问题等，并与运维人员共同检查设备状况、状态，有无遗留物件，是否清洁等，然后在工作票上填明工作结束时间。经双方签名后，表示工作终结。

工作终结后，应召开班后会，总结讲评当班工作和安全情况，表扬遵章守纪，批评忽视安全、违章作业等不良现象，并做好记录。

第三节 油化试验作业安全监督

一、工作前的准备

接受工作任务后，全面理解并掌握工作内容，必要时勘察现场，填写现场勘察记录，核对现场设备及接线，分析不安全因素，制定针对性安全风险控制措施，编制专项试验方案或作业指导书，并按规定程序履行审核、批准手续。

油化试验相关施工方案及安全措施，经审批后组织全体作业人员学习，全面落实各项措施。

开工前，工作负责人组织召开班前会，工作班全体人员列队并面向工作地点，进行“三交三查”。工作班全体人员清楚无疑义后逐一签名，方可进入现场。

二、保证安全的组织、技术措施

进入电气设备区域内工作，必须执行工作票制度。

履行工作许可手续。工作许可人应审查工作票所列安全措施是否正确完备，并应符合现场条件。工作现场布置的安全措施应完备，必要时予以补充。对工作票所列内容有疑问时，必须向工作票签发人询问清楚，必要时应要求做详细补充。

工作许可人得到值班调控人员许可指令（同意）后，对补充现场安全措施进行完善，向工作负责人办理工作许可手续，交待安全措施，并履行签字确认手续。

工作许可手续完成后，工作负责人、专责监护人应向工作班成员交待工作内容、人员分工、带电部位和现场安全措施，进行危险点告知，并履行确认手续，工作班方可开始工作。工作负责人、专责监护人应始终在工作现场，对工作班人员的安全认真监护，及时纠正不安全的行为。

按工作票内容布置的安全措施，在未办理工作终结前不得擅自变更和拆除。

三、现场作业

油化试验的试验负责人应由有经验的人员担任，开始试验前，试验负责人应向全体试验人员详细布置试验中的安全注意事项，交待邻近间隔的带电部位，以及其他安全注意事项。

所有工作人员（包括工作负责人）不许单独进入、滞留在高压室、阀厅内和室外高压设备区内。

充油设备带电取样作业应在良好天气下进行。对互感器类设备带电取样应在风力小于 5 级，无雷雨、大雾、雪等天气，湿度小于 80%条件下进行。

被测设备油、气取样点和设备带电部位安全距离要有足够安全裕度。

带电设备进行油、气取样及测试工作时，应先检查设备油位、气压是否在正常范围。

带电设备取油样时，负压设备禁止取样，以避免负压进气。

SF_6 测试作业应符合以下条件：

（1）在风力小于 5 级，无雷雨、大雾、雪等天气，温度高于 5℃，湿度 80%以下条件下进行。

（2）工作人员进入 SF_6 配电装置室，入口处若无 SF_6 气体含量显示器，应先通风 15min，并用检漏仪测量 SF_6 气体含量合格。不准单人进入从事检修工作。

（3）不准在 SF_6 设备防爆膜附近停留。

（4）SF_6 配电装置发生大量泄漏等紧急情况时，人员应迅速撤离现场，并开启所有排风机进行排风，未戴防毒面具或正压式空气呼吸器的人员禁止入内。

（5）从钢瓶中引出 SF_6 气体时，必须用减压阀降压。使用过的 SF_6 气体钢瓶应关紧阀门，戴上瓶帽，防止剩余气体泄漏。

工作人员在进入电缆沟或低位区域前，应检测该区域内的含氧量，氧含量低于 18%时不能进入该区域工作。

气体采样操作及处理渗漏时，工作人员要穿戴防护用品，并在通风条件下，且要采取有效的防护措施。

工作间断时，工作班人员应从工作现场撤出，每日收工，应清扫工作地点，开放已封闭的通道，并电话告知工作许可人。若工作间断后所有安全措施和接线方式保持不变，工作票可由工作负责人执存。次日复工时，工作负责人应电话告知工作许可人，并重新认真检查确认安全措施是否符合工作票要求。间断后继续工作，若无工作负责人或专责监护人带领，工作人员不得进入工作地点。

试验结束时，检查被试设备进行取油或测试后阀门是否关紧，恢复到工作前的状态，进行现场清理。

四、工作终结

全部工作完毕后，工作班应清扫、整理现场。工作负责人应清点全部作业人员人数，检查设备状况、状态。检查被试设备进行取油或测试后阀门是否关紧，是否恢复到工作前的状态。

办理工作终结前，工作人员清理现场工具、器材、仪表，并搬出设备区，做好废油回收，做到工完、料净、场地清。然后在工作票上填明工作结束时间，经双方确认签字后，工作方可终结。

工作终结后，应召开班后会，总结讲评当班工作和安全情况，表扬遵章守纪，批评忽视安全、违章作业等不良现象，并做好记录。

五、油化试验（化验室内）

油化试验工作前应召开开工会，要求所有工作人员都明确本次工作的试验项目、进度要求、试验标准及安全注意事项，并根据试验性质确定试验项目，学习绝缘油试验作业指导书后方可开始工作。

化验室应通风良好，并配备必要的清洗物品和设施。

化验室要配备适宜的消防器材。化验人员要会使用这些消防器材，并掌握一定的灭火知识。

化验室应配置盛装废油、废液的容器，不得随意把废油、废液通过下水道排放。

凡能产生刺激性、腐蚀性、有毒或恶臭气体的操作，必须在通风橱中进行。

所用药品、标样、溶液都应有标签，禁止在容器内装入与标签不相符的物品。无标签的试剂可取小样鉴定后使用，不能用的要慎重处理，不应乱倒。

稀释硫酸必须在硬质耐热烧杯或锥形瓶中进行，只能将浓硫酸慢慢注入水中，边倒边搅拌，温度过高时，应等冷却或降温后再继续进行，严禁将水倒入硫酸中。

打开易挥发的试剂瓶塞时，不准把瓶口对准脸部。夏季室温高，试剂瓶中容易冲出气液，最好把瓶子在冷水中浸一段时间再打开瓶塞，并尽量在通风橱中操作。

加热易燃溶剂时，任何情况下都不准用明火，必须在水浴或沙浴中进行。

装过强腐蚀性、可燃性、有毒或易爆物品的器皿，应由操作者亲手洗净。

取下正在沸腾的溶液时，应用瓶夹先轻摇动以后取下，以免爆沸溅出伤人。

能够挥发出有毒、有味气体的瓶子还应该用蜡封口。不可用鼻子对准试剂瓶口嗅闻，如果必须嗅试剂的气味，可将瓶口远离鼻子，用手在试剂瓶上方扇动，使空气流吹向自己而闻出其味。绝不可用舌头品尝试剂。

使用有毒、易燃或有爆炸性的药品时要特别小心，必要时要戴好口罩、防护镜及橡胶手套。操作时必须在通风橱或通风良好的地方进行，并远离火源。接触过的器皿应彻底清洗。

凡是有毒、易燃、易爆的化学药品不准存放在化验室的架子上，应储放在隔离的房间和柜内，或远离厂房的地方，并有专人负责保管。易爆物品与剧毒药品应有两把钥匙分别由两人保管，使用和报废药品应有严格的管理制度。对有挥发性的药品也应存放在专门的柜内。

严禁在气瓶室、色谱室吸烟或使用明火。

使用色谱用气瓶时，一定要使用减压装置，并经常检查气路的严密性。气瓶使用时一定要辨明颜色，防止用错。气瓶使用时不应靠近热源放置。瓶内气体不应用尽，应适当留有余压。所有气瓶要做好防倾倒措施。

试验结束时，检查所有仪器电源已关闭，所有气阀已关闭且无泄漏。清理试验台，将试验过的试油、废液回收（不得倒入下水道）。废弃危险化学品应送至有资质的单位处理。离开时再次检查水、电、煤气、门、窗，确保安全。

附录A 现场标准化作业指导书（卡）范例

220kV变压器电气试验作业指导书

1 范围

本作业指导书规定了220kV变压器交接验收、停电例行和诊断性电气试验前准备、试验项目及标准要求。

本作业指导书适用于220kV变压器交接验收、停电例行和诊断性电气试验工作。

2 试验前准备

2.1 准备工作

序号	内容	标准	备注
1	根据试验性质、设备参数和结构，确定试验项目，编写现场电气试验执行卡和试验方案	通过审核、审批	
2	了解现场试验条件，落实试验所需配合工作	落实完备	
3	组织作业人员学习作业指导书，使全体作业人员熟悉作业内容、作业标准、安全注意事项	全面了解	
4	了解被试设备出厂和历史试验数据，分析设备状况	明确设备状况	
5	准备试验用仪器仪表，所用仪器仪表良好，有校验要求的仪表应在校验周期内	仪器良好	

2.2 仪器仪表和设备

序号	名称	单位	数量	备注
1	绝缘电阻表（兆欧表）	台	1	满足输出电流5mA
2	高压直流发生器	套	1	≥60kV、2mA
3	介质损耗测试仪	套	1	准确度要求：CX≤1%，D≤2%
4	直流电阻测试仪	台	1	三柱式：≤10A；五柱式：≥20A

续表

序号	名称	单位	数量	备注
5	变压比测试仪	台	1	准确度：0.2 级
6	变压器短路阻抗测试仪	台	1	准确度要求：≤2%
7	变压器绕组变形频响法测试仪	套	1	
8	有载分接开关测试仪	台	1	准确度要求：≤0.5%
9	交流耐压试验装置	套	1	分压器准确度要求：≤1%
10	局部放电测试装置	套	1	测量仪器准确度要求：≤5%
11	变压器超声局部监测装置	套	1	
12	高电压介质损耗测量装置	套	1	准确度要求：*CX*≤0.5%，*D*≤1%
13	声级计	台	1	
14	绝缘油介电强度测试仪	套	1	准确度要求：*CX*≤0.5%，*D*≤1%
15	便携式油色谱测试仪	套	1	准确度要求：≤1%
16	温湿度计	只	1	

2.3 危险点分析和预控措施

序号	危险点分析	预控措施
1	作业人员进入作业现场不戴安全帽，不穿绝缘鞋，试验操作人员不站在绝缘垫上操作，可能发生人身伤害事故	进入试验现场，试验人员必须正确佩戴安全帽，穿绝缘鞋，试验操作人员应站在绝缘垫上操作
2	作业人员进入作业现场可能发生走错间隔及与带电设备保持距离不够的情况	开始试验前，负责人应对全体试验人员详细说明试验中的安全注意事项。根据带电设备的电压等级，试验人员应注意保持与带电体的安全距离不应小于《安规》中规定的距离
3	高压试验区不设安全围栏，会使非试验人员误入试验场地，造成触电	高压试验区应装设专用遮栏或围栏，向外悬挂“止步，高压危险！”的标志牌，并有专人监护，严禁非试验人员进入试验场地
4	加压时无人监护，升压过程不呼唱，可能会造成误加压或设备损坏、人员触电	试验过程应派专人监护，升压时进行呼唱，试验人员在试验过程中注意力应高度集中，防止异常情况的发生。当出现异常情况时，应立即停止试验，查明原因后方可继续试验
5	登高作业可能会发生高处坠落或设备损坏	工作中如需使用登高工具时，应做好防止设备件损坏和人员高空摔跌的安全措施
6	试验中接地不良，可能会造成试验人员人身伤害和仪器损坏	试验器具的接地端和金属外壳应可靠接地，试验仪器与设备的接线应牢固可靠
7	不断开电源，不挂接地线，可能会对试验人员造成伤害	遇异常情况、变更接线或试验结束时，应首先将电压回零，然后断开电源侧开关，并在试品和加压设备的输出端充分放电并接地

续表

序号	危险点分析	预控措施
8	试验设备和被试设备因不良气象条件和表面脏污引起外绝缘闪络	试验应在天气良好的情况下进行，遇雷雨大风等天气应停止试验，禁止在雨天和湿度大于 80%时进行试验，保持设备绝缘表面清洁
9	对被试变压器进行高压试验时，由于系统感应电可能会造成试验人员人身伤害和设备损坏	拆除被试变压器各侧绕组与系统高压的一切引线，试验前，将被试变压器各侧绕组短路接地，充分放电。放电时应采用专用绝缘工具，不得用手触碰放电导线
10	测量变压器绕组连同套管直流泄漏电流时，放电不充分或不正确会造成人员触电	改接试验接线前，将被试变压器试验侧绕组短路接地，充分放电。放电时应采用专用绝缘工具，不得用手触碰放电导线
11	测量变压器绕组电阻时，可能会造成试验人员触电	任一绕组测试完毕，应进行充分放电后，才能更改接线
12	试验完成后没有恢复设备原来状态，导致事故发生	试验结束后，恢复被试设备原来状态，进行检查和清理现场

3 试验项目和操作标准

序号	试验项目	试验方法	注意事项	试验标准
1	绕组连同套管的绝缘电阻、吸收比和极化指数	使用 5000V 绝缘电阻表测量，变压器的外壳、铁芯、夹件、绝缘电阻表的 E 端接地，非测量绕组和升高座 TA 的二次短路接地，被试绕组各引出端短接，接绝缘电阻表 L 端进行测量	（1）测量吸收比时注意时间引起的误差。 （2）绝缘电阻表的 L 端和 E 端不能对调、不能铰接，高压线应采用专用测试线。 （3）应消除表面泄漏电流影响。 （4）准确记录变压器上层油温	（1）绝缘电阻值不低于产品出厂试验值的 70%（交接）。 （2）吸收比、极化指数与产品出厂值（初值）相比应无明显差别。 （3）吸收比 $K \geqslant 1.3$ 或极化指数 $P \geqslant 1.5$ 或绝缘电阻 $K \geqslant 10\ 000\text{M}\Omega$
2	绕组连同套管的直流泄漏电流	变压器的外壳、铁芯、夹件、高压直流发生器外壳的 E 端接地，非测量绕组和升高座 TA 的二次短路接地，被试绕组各引出端短接，接入高压微安表芯线	（1）分级绝缘变压器试验电压应按被试绕组电压等级的标准，但不能超过中性点绝缘的耐压水平。 （2）测量时的高压引线应使用屏蔽线，避免引线泄漏电流对结果的影响。 （3）微安表应接在高压端。 （4）采用负极性直流电压输出	（1）试验电压一般如下： 绕组额定电压（kV）：10、35、110～220； 直流试验电压（kV）：10、20、40。 （2）20℃，泄漏电流值不应大于 50μA
3	绕组连同套管的介质损耗	试验接线采用反接法。变压器的外壳、铁芯、夹件、高压介质损耗电桥的外壳的 E 端接地，非测量绕组和升高座 TA 的二次短路接地。将变压器被测量绕组各引出端短接，接入高压介质损耗电桥 *CX*	（1）应排除干扰，以保证测量结果的可靠性。 （2）试验中高压测试线的电压为 10kV，应注意其对地绝缘	（1）$\tan\delta$ 值不应大于产品出厂值的 130%（交接）。 （2）$\tan\delta \leqslant 0.008$（状检）

续表

序号	试验项目	试验方法	注意事项	试验标准
4	电容型套管末屏对地的绝缘电阻	采用2500V绝缘电阻表测量	（1）试验完毕后必须对末屏小套管进行充分放电。 （2）将末屏小套管及时恢复原有状态，接地可靠	（1）主绝缘的绝缘电阻值不应低于10 000MΩ。 （2）末屏对地的绝缘电阻不应低于1000MΩ
5	电容型套管的介质损耗、电容量	试验接线采用正接法。将变压器被试套管相连的所有绕组端子连在一起加压，被试套管末屏与接地拆开，接入介质损耗电桥低压信号端。被试套管测量结束，恢复套管末屏，测量变压器的其他未试验套管接地	（1）应排除干扰，以保证测量结果的可靠性。 （2）试验中高压测试线电压为10kV，应注意其对地绝缘。 （3）将末屏小套管及时恢复原有状态，接地可靠	（1）20℃时 $\tan\delta$ 值不应大于0.007（油浸纸）。 （2）当电容型套末屏对地绝缘电阻小于1000MΩ时，应测量末屏对地 $\tan\delta$，其值不应大于0.02（交接），0.015（状检）。 （3）电容型套管的电容值与出厂值或初值的差别超出±5%时，应查明原因
6	套管高电压介质损耗	试验接线采用正接法。将变压器被试套管相连的所有绕组端子连在一起加压，被试套管末屏与接地拆开，接入介质损耗电桥低压信号端。被试套管测量结束，恢复套管末屏，测量变压器的其他未试验套管接地	（1）试验电压不超过中性点套管的额定电压。 （2）将末屏小套管及时恢复原有状态，接地可靠	（1）测量电压从10kV到 $U_m/\sqrt{3}$。 （2）介质损耗因数的增量不应大于±0.003
7	绕组电阻	绕组有中性点引出时，应测试各相对中性点的直流电阻，将被试绕组与中性点引出线接入直流电阻仪。对于带有载调压方式的绕组，测量所有分接挡位的直流电阻；带无载调压方式的绕组，只需测量运行分接挡位的直流电阻	（1）任一绕组测试完毕，应进行充分放电。 （2）必须准确记录变压器顶层油温	（1）三相绕组电阻同温下相互间的差别不应大于三相平均值的2%；无中性点引出的绕组，线间差别不应大于三相平均值的1%。 （2）与出厂值或初值比较，其变化不应大于2%
8	铁芯和夹件的绝缘电阻	绝缘电阻测量采用2500V（老旧变压器1000V）绝缘电阻表，拆除铁芯（夹件）的外引出接地，测试铁芯（夹件）的绝缘电阻	（1）试验完毕后必须对铁芯（夹件）进行充分放电。 （2）将铁芯（夹件）的外引出接地及时恢复原有状态，并接地可靠	（1）持续时间为1min，应无闪络及击穿现象。 （2）绝缘电阻 $R \geqslant 100$MΩ（状检）
9	绕组的电压比与校核变压器联结组别	将变比测试仪高压侧接线柱上的三个夹子分别接至被测变压器高压侧，低压侧接线柱上的三个夹子分别接至被测变压器低压侧。根据被测变压器的铭牌、联结组别对变比测试仪进行设置。对于多绕组变压器，应测量带分接开关绕组对其余绕组所有分接头的变比	（1）高低压线不能接反，否则将产生高压，危及人身及仪器安全。 （2）测试前应正确输入被测变压器的铭牌、型号	（1）各相应接头的电压比与铭牌值（初值）相比，不应有显著差别，且符合规律。 （2）额定分接电压比允许偏差为±0.5%，其他分接的电压比应在变压器阻抗电压值（%）的1/10以内，但不得超过±1%。 （3）校核变压器极性必须与变压器铭牌和顶盖上的端子标志相一致

续表

序号	试验项目	试验方法	注意事项	试验标准
10	绕组低电压短路阻抗	对三绕组变压器，应采取以下方法进行：在高压绕组最高挡加压，短接低压绕组，中压绕组开路。每次测试前，都必须根据被试变压器参数对仪器进行设置，然后接通试验电源，进行测试；测试应在最大电压分接位置进行	（1）选择或设置的所有参数必须与实际情况一一对应。 （2）用于短接的导线或导体应采用低阻抗的导线，并尽可能短	（1）在相同测试电流情况下，低电压短路阻抗测试结果与出厂值（初值）的偏差一般不大于2%。 （2）低电压短路阻抗测试电流一般不小于10A
11	频响法绕组变形测试	（1）通过专用测试线将被试变压器的被试绕组引出端与测试仪的三个端口有效连接。 （2）测试完毕对同一台变压器的三相频响曲线进行比较，若有前次测试数据则对同一台变压器的两次测试结果进行比较。 （3）试验完成后，检查数据文件是否存妥，然后退出测试系统并依次关机，拆除试验接线。 （4）测试应在最大电压分接位置进行	（1）试验前仪器应可靠接地。 （2）试验线的线夹和套管上端的搭接头必须接触良好。 （3）试验引线与套管间杂散电容可能会影响其频响曲线高频部分的一致性，应尽量在前后试验或三相试验时保持一致。 （4）试验时应避免噪声的影响。 （5）测试的拆线部位为变压器套管处	谐振点频率无明显变化
12	有载分接开关试验	测量有载分接开关各相过渡电阻和接触电阻。将测试线夹在变压器的相应绕组上，另一端分别插在对应的仪器面板插口上，开始测试，记录分接开关切换波形及时间	（1）应保持测试夹与被测绕组接触良好。 （2）对于长时间未切换的有载分接开关，测试前应多次切合，磨除触头表面氧化层及触头间杂质。 （3）操作试验：手摇操作正常情况下，电动操作、远方操作各1个循环	（1）正反方向的切换程序与时间均应符合制造厂要求。 （2）绝缘油注入切换开关油箱前，其击穿电压：≥40kV（交接）、≥30kV（状检）。 （3）二次回路绝缘电阻$R \geqslant 1M\Omega$
13	交流耐压	（1）对全绝缘变压器按照绕组电压等级确定试验电压；对中性点半绝缘的变压器按照中性点电压等级确定试验电压。 （2）根据绕组连同套管对地电容量选择合适的电抗器，使谐振频率在45～65Hz内。 （3）设置试验设备的过压保护值，一般为试验电压的105%～115%。 （4）对放气孔进行放气，检查安全措施并确认无误。	（1）交流耐压试验必须在被试变压器在全部安装结束注油后静止48h才可进行。 （2）各项非破坏性试验全部结束，并综合分析试验结果全部合格后，方可进行交流耐压试验。	试验电压为出厂值的80%，持续时间1min

续表

序号	试验项目	试验方法	注意事项	试验标准
13	交流耐压	（5）变压器各绕组引线断开，将试验高压引线接至被测绕组，其他非被测的绕组短路接地。 （6）准备试验接线，保证所有试验设备、仪表仪器接线正确、指示正确。 （7）确认一切正常后开始试验。在30%试验电压以下进行调频；然后进行试验。 （8）被测绕组试验完毕，将电压降为零，切断电源，必须充分放电后再进行其他操作	（3）耐压试验后各绕组绝缘电阻与耐压试验前应无明显差别（换算至同一温度下）	试验电压为出厂值的80%，持续时间1min
14	局部放电测量	具体方法参见变压器局部放电试验作业指导书	具体方法参见变压器局部放电试验作业指导书	具体方法参见变压器局部放电试验作业指导书
15	变压器噪声测试	（1）传声器应在围绕试品的规定轮廓线上做近似于均匀速度的移动，读数取样的数量不应少于所规定的测点数。试验报告中仅需列出能量平均值的数据。 （2）至少应设有6个传声器位置	传声器应位于规定轮廓线上，彼此间距大致相等，且间隔不得大于1m	（1）声强测量方法符合GB/T 16404《声学 声强法测定噪声源的声功率级 第1部分：离散点上的测量》。 （2）噪声值不应大于80dB（A）。 （3）符合设备技术合同要求
16	变压器振动测试	（1）对于单一被测产品，测点应布置在产品的固定点或靠近固定点；对装有减振器的产品，测点应布置在减振器下的安装基座上。 （2）如测量在某一载体上进行，对测点的布局要全面考虑。可以将所测环境分为若干个区域，每个区域内选取有代表性的部位布置若干个测点，根据需要与可能来确定测点数。 （3）在产品比较密集，已查明或预计振动较大部位，应优先考虑布置测量点。 （4）测点一般应为三个相互垂直的方向，其中的一个方向应是铅垂的。根据需要也可进行两个方向或单个方向的测量	（1）测量系统应经国家计量认可机构检定合格，并在其规定的有效期内使用。 （2）测量系统应能在其使用的环境条件（如振动、冲击、稳态加速度、温度、湿度和低气压等）下正常工作。 （3）测量仪器之间应匹配良好，连接可靠，整个测量系统应单点接地。测量时，应抑制电源干扰的影响。 （4）整个测量系统的测量频率、采样速率及动态范围应满足振动环境的数据采集要求	（1）测量系统的频率响应（平直部分）不平坦度应为±1dB。 （2）测量系统的一般误差应为±1dB

续表

序号	试验项目	试验方法	注意事项	试验标准
17	带电超声波局部放电测试	（1）根据测试仪器使用说明书正确接线。 （2）把仪器的传感器尽量靠近被测部位。 （3）根据自动扫频图谱设置正确的测量频率。 （4）设置通道的测量量程，即可启动测量。 （5）利用超声波定位功能进行放电源部位的定位	（1）在进行检测前，应注意电源电压不超过240V。 （2）进行测量时，必须把仪器主机接地端就近与放置传感器的设备外壳连接	（1）利用“智能诊断”功能，自动对被测信号进行分析。 （2）按厂家提供的经验图谱进行比较、判断
18	油色谱分析	采用气相色谱法：从油中得到的溶解气体的气样及从气体继电器所取得的气样，均用气相色谱仪进行组分和含量的分析	应在注油静置后、耐压试验前、耐压试验和局部放电试验后、额定电压下运行各72h后，分别进行一次变压器器身内绝缘油的油中溶解气体的色谱分析	（1）油中氢气（H_2）与烃类气体含量超过下列任何一项值时应引起注意（μL/L）：乙炔等于0（交接）、5（状检）；氢气不大于10（交接）、150（状检）；总烃不大于20（交接）、150（状检）。 （2）绝对产气速率不大于12mL/d（隔膜式）或6mL/d（开放式）；相对产气速率不大于10%/月（状检）
19	绝缘油介电强度测试	将试油放在专门设备内，经受一个按一定速度均匀升压的交变电场的作用直至油杯击穿	试油注入油杯应徐徐沿油杯内壁流下，以减少气泡；试油盛满后必须静置10～15min，方可开始升压试验	击穿电压不小于40kV

注1：变压器交接试验按照第1、2、3、4、5、7、8、9、10、11、12、13、14、15、16、18、19款执行。
注2：变压器停电例行试验按照第1、3、4、5、7、8、10、11、12、18、19款执行。
注3：变压器诊断性试验，按照具体诊断要求选择相应条款执行。

220kV变压器电气试验作业现场执行卡

1 适用范围

本执行卡适用于220kV××变电站××主变压器停电例行试验。

2 试验工序质量控制卡

一	实验前准备		
编号	项目	要求	执行情况（√）
1	被试品情况了解，仪器仪表及工器具准备	全面了解、完整无缺	

续表

编号	项目	要求	执行情况（√）
2	现场安全和技术交底，安全措施检查完整	交底详细明确	
二	试验过程		
编号	试验项目		执行情况（√）
1	变压器绕组变形测试		
2	测量变压器绕组连同套管的绝缘电阻、吸收比、极化指数		
3	测量变压器铁芯、夹件的绝缘电阻		
4	测量变压器绕组、套管介质损耗、电容量测试		
5	测量变压器绕组的直流电阻		
6	有载分接开关特性测试		
7	变压器绝缘油测试		
三	试验终结		
编号	项目	要求	执行情况（√）
1	试验负责人确认试验项目及测试结果	无遗漏、试验数据准确	
2	试验负责人检查被试设备是否恢复到实验前的状态	确认无误	
四	试验总结		
自检记录	试验结果		
	存在问题及处理意见		
试验负责人		试验人员	
试验日期			

附录B 作业现场处置方案范例

【范例一】作业人员应对突发低压触电事故现场处置方案

一、工作场所

××省电力公司××供电公司生产作业现场。

二、事件特征

作业人员在1000V以下电压等级的设备上工作，发生触电，造成人员伤亡。

三、现场人员应急职责

1. 现场负责人

（1）组织抢救触电人员。

（2）向上级部门汇报触电事故情况。

2. 现场人员

抢救触电人员。

四、现场应急处置

1. 现场应具备的条件

（1）通信工具及上级、急救部门电话号码。

（2）电工工器具、绝缘鞋、绝缘手套等安全工器具。

（3）急救箱及药品。

2. 现场应急处置程序及措施

（1）现场人员采取拉开关、断线或使用绝缘工器具移开带电体等措施使触电者脱离电源。

（2）如触电者悬挂高处，现场人员应尽快解救至地面；如暂时不能解救至地面，应考虑相关防坠落措施，并向消防部门求救。

（3）根据触电人员受伤情况，采取人工呼吸、心肺复苏等相应急救措施。

（4）现场人员将触电人员送往医院救治或拨打120急救电话求救。

（5）向上级部门汇报人员受伤及抢救情况。

五、注意事项

（1）严禁直接用手、金属及潮湿的物体接触触电人员。

（2）在施救高处触电者时，救护者应采取防止坠落措施。

（3）在医务人员未接替救治前，不应放弃现场抢救。

六、联系电话

序号	部门	联系人	电话
1	医疗急救		120
2	本单位安监部门		
3	本单位领导		

【范例二】作业人员应对突发高压触电事故现场处置方案

一、工作场所

××省电力公司××供电公司生产作业现场。

二、事件特征

作业人员在电压等级 1000V 及以上的设备上工作，发生触电，造成人员伤亡。

三、现场人员应急职责

1. 现场负责人

（1）组织抢救触电人员。

（2）向上级部门汇报触电事故情况。

2. 现场人员

抢救触电人员。

四、现场应急处置

1. 现场应具备的条件

（1）通信工具及上级、急救部门电话号码。

（2）电工工器具、绝缘鞋、绝缘手套等安全工器具。

（3）急救箱及药品。

2. 现场应急处置程序及措施

（1）现场人员立即使触电人员脱离电源。一是立即通知有关部门（调控或运维值班人员）或用户停电。二是戴上绝缘手套，穿上绝缘靴，用相应电压等级的绝缘工具按顺序拉开电源开关、熔断器或将带电体移开。三是采取相关措施使保护装置动作，断开电源。

（2）如触电人员悬挂高处，现场人员应尽快解救至地面；如暂时不能解救至地面，应考虑相关防坠落措施，并拨打110求救。

（3）根据触电人员受伤情况，采取止血、固定、人工呼吸、心肺复苏等相应急救措施。

（4）如触电者衣服被电弧光引燃时，应利用衣服、湿毛巾等迅速扑灭其身上的火源，着火者切忌跑动，必要时可就地躺下翻滚，使火扑灭。

（5）现场人员将触电人员送往医院救治或拨打120急救电话求救。

（6）向上级部门汇报触电人员受伤及抢救情况。

五、注意事项

（1）严禁直接用手、金属及潮湿的物体接触触电人员。

（2）救护人在救护过程中要注意自身和被救者与附近带电体之间的安全距离（高压设备接地时，室内安全距离为4m，室外安全距离为8m），防止再次触及带电设备或跨步电压触电。

（3）解救高空伤员过程中要询问伤员伤情，并对骨折部位采取固定措施。

（4）在医务人员未接替救治前，不应放弃现场抢救。

六、联系电话

序号	部门	联系人	电话
1	医疗急救		120
2	救援报警		110
3	本单位安监部门		
4	本单位领导		

【范例三】作业人员应对突发高处坠落现场处置方案

一、工作场所

××省电力公司××供电公司高处作业现场。

二、事件特征

作业人员在高处作业时，从高处坠落至地面、高处平台或悬挂空中，造成人身伤害。

三、现场人员应急职责

1. 现场负责人

（1）组织救助伤员。

（2）汇报事件情况。

2. 现场其他人员

救助伤员。

四、现场应急处置

1. 现场应具备的条件

（1）通信工具及上级、急救部门电话号码。

（2）急救箱及药品。

2. 现场应急处置程序及措施

（1）作业人员坠落至高处或悬挂在高空时，现场人员应立即使用绳索或其他工具将坠落者解救至地面进行检查、救治；如果暂时无法将坠落者解救至地面，应采取措施防止坠落者脱出坠落。

（2）人体若被重物压住，应立即利用现场工器具使伤员迅速脱离重物，现场施救困难时，应立即向上级部门或拨打110请求救援。

（3）高处坠落伤害事件发生后，应采取措施将受伤人员转移至安全地带。

（4）对于坠落地面人员，现场人员应根据伤者情况采取止血、固定、心肺复苏等相应急救措施。

（5）送伤员到医院救治或拨打120急救电话求救。

（6）向上级部门汇报高处坠落人员受伤及救治等情况。

五、注意事项

（1）对于坠落昏迷者，应采取按压人中、虎口或呼叫等措施使其保持清醒状态。

（2）解救高空伤员过程中要不断与之交流，询问伤情，防止昏迷，并对骨折部位采取固定措施。

六、联系电话

序号	部门	联系人	电话
1	医疗急救		120
2	救援报警		110
3	本单位安监部门		
4	本单位领导		

【范例四】突发交通事故现场处置方案

一、工作场所

××省电力公司××供电公司工作车辆行驶途中。

二、事件特征

工作车辆在行驶途中发生交通事故，车辆受损、人员伤亡。

三、现场人员应急职责

1. 驾驶员

（1）采取防次生事故措施。

（2）组织营救伤员，及时向医疗、消防交警有关部门联系或报警。

（3）汇报本单位，并保护现场。

2. 乘坐人员

（1）协助现场处置。

（2）向本单位主管领导汇报交通事故情况。

（3）当驾驶员伤亡时，履行驾驶员应急职责。

四、现场应急处置

1. 现场应具备的条件

（1）照明工具、灭火器、千斤顶、安全警示标志等工器具。

（2）急救箱及药品。

2. 现场应急处置程序及措施

（1）发生交通事故后，司机立即停车，拉紧手制动，切断电源，开启双闪警示灯等，在车后设置危险警告标志，组织车上人员疏散到路外安全地点。

（2）及时抢救伤员，根据伤情采取不同的急救措施。

1）外伤急救措施：包扎止血。

2）内伤急救措施：平躺，抬高下肢，保持温暖，速送医院救治。

3）骨折急救措施：肢体骨折采取夹板固定。颈椎、腰椎损伤采取平卧、固定措施。搬动时应数人合作，保持平稳，不能扭曲。

4）颅脑外伤急救措施：平卧，保持气道畅通，防止呕吐物造成窒息。

5）人员行动受困：利用车辆携带工具解救受困人员，转移至安全地点；解救困难或人员受伤时向公安、急救部门报警求助。

（3）检查人员伤亡和车辆损坏情况，及时拨打 122、120、119 电话向交通、医疗、消防部门报警。

（4）事故造成车辆着火时，应立即救火，并做好预防爆炸的安全措施。

（5）及时向本单位部门主管领导报告事故情况。

五、注意事项

（1）在伤员救治和转移过程中，采取固定等措施，防止伤情加重。

（2）记录肇事车辆、肇事司机等信息，保护好事故现场，并用手机、相机等设备对现场拍照，依法合规配合做好事件处理。

六、联系电话

序号	部门	联系人	电话
1	医疗急救		120
2	交通事故报警		110
3	高速报警		12122
4	本单位车辆管理部门		
5	本单位领导		

【范例五】现场作业人员食物中毒事件处置方案

一、工作场所

××省电力公司××供电公司生产现场。

二、事件特征

作业人员现场用餐后，出现腹痛、腹泻不适或者恶心、呕吐等疑似食物中毒现象。

三、现场人员应急职责

1. 现场负责人

组织人员救治。

2. 现场作业人员

救助疑似食物中毒人员。

四、现场应急处置

1. 现场应具备的条件

（1）通信工具及上级、急救部门电话号码。

（2）急救箱及药品。

2. 现场应急处置程序及措施

（1）现场负责人立即查看和了解疑似中毒人数、症状等情况，并通知其他尚未就餐人员停止用餐。

（2）对疑似食物中毒者进行催吐，并让中毒者大量饮用温开水，以减少毒素吸收。

（3）拨打120、110报警求援或将中毒者送往医院救治。

（4）搜集保护可疑食物、呕吐物及其餐具，以便化验。

（5）向本单位领导汇报食物中毒及救治情况。

五、注意事项

注意现场救治人员在救治结束后，应将手清洗干净。

六、联系电话

序号	部门	联系人	电话
1	医疗急救		120
2	救援报警		110
3	本单位安监部门		
4	本单位领导